U0599269

奇怪的知识增加了

用科学解读不那么科学的事

Infinity in the Palm of Your Hand

[英] 马库斯·乔恩
Marcus Chown —— 著

孔令稚 ——————— 译

湖南科学技术出版社 博集天卷 CS-BOOKY

献给艾利森、科林、罗西、蒂姆和奥尔内拉
爱你们的马库斯

目 录
Contents

Chapter **One**

第一部分 ————————————————————

关于生物学的故事

Chapter **Two**

第二部分

关于人类的故事

Chapter **Three**

第三部分

关于地球的故事

Chapter **Four**

第四部分

关于太阳系的故事

7

Chapter **Seven**

第七部分 ————————————————————
关于宇宙的故事

前言
Foreword

没有什么事物会因为太完美而失去真实。

——迈克尔·法拉第（Michael Faraday）

即便是专业的喜剧演员，要在大庭广众之下给大家讲笑话逗乐，也会多少有些紧张。而同样，让科普作家在聚会上作为专家来讲一些戏剧化的科学故事也会让人紧张。反正有时候我就是这样的。

我该如何表达自己呢？我认为应当做到简短有力。这样既能激起听众的兴趣，让人会心一笑，又不至于看他们渐渐走神而变得目光呆滞。我可不想毫无察觉中就成了个令人厌烦的家伙。

我试图在我妻子身上试验，她几乎没有任何科学背景。我常常在她看电视的时候不经意地告诉她：“你知道吗？一颗电子旋转了 360 度之后，就不是原先那颗电子啦。"

"嗯嗯。"她头也不回地答道，一直盯着电视。

"那我再告诉你一个秘密啊。你知道吗？你可以将全世界的人都塞进一块方糖大小的立方体里，而且尺寸正好呢。"

"是是，当然可以。我现在能看电视了吗？"

我的妻子就是我调研自己科普演讲是否受欢迎的最好实验室。

当然，我也会绞尽脑汁地想出一些有趣的科普知识，最好是能一句话说清楚，希望在公众演讲时可以用上。

在宣传我自己的作品时，我做过很多演讲。我所面临的问题是，我根本无法在 45 分钟的时间里总结归纳出整本书的内容。所以，我常常会讲一些神奇有趣的科学故事，不仅仅是为了吸引别人的注意，也是为了诠释我所写的科学知识。

我讲故事的生涯是从我写的那本《完美世界：人生，宇宙和世间万物》开始的。这本书从金融知识讲到热动力学，从全息图像说到人类进化，又从性学谈到探索外星智慧生物。我原本想把所有的知识都囊括进这本书里，然而显而易见，这并不科学。后来我突发奇想，不如讲一讲"世界上最疯狂的 10 个科学相关的故事"。

这样讲科普最大的优势在于其机动性强。如果听众觉得其中一个故事很无聊，那我下次就不讲它了，再换一个更能引起别人兴趣的科学故事，希望听众能喜欢。我倒是觉得这有点像是做喜剧脱口秀，如果今晚的笑话不好笑，下次就不讲它了，换个其他的故事讲就行。

这种处理方式很妙，也适用于其他学科。我开发了一个苹果平板电脑上的应用，叫太阳系。之后，我又写了本名为《太阳系》的书。在给它做宣传的时候，我就讲了讲"太阳系最疯狂的 10 个科学故事"。

而我讲的这些故事最终形成了这本书。我当时想：为什么不把我这几年来发现的最为神奇的科学事实总结一下呢？——就是那些我在其他书和论文中提到的以及另外一些我从未写过的科学故事——让它们来传递我的想法，希望其中暗含的科学理论能给读者带来思考。

比如说，我会告诉你们，如果你能把人身体内所有空荡荡的空间压缩殆尽，你就能将全世界的人都放进一块方糖大小的立方体里，尺寸正好。这样你多少能领会一点物质是多么空旷了吧，简直空旷到了匪夷所思的地步。你不禁觉得，你、我，我们所有人都虚无缥缈如魂魄一般。这个故事恰好能将读者自然而然地引入量子物理的世界。量子物理是最为完美也是最为怪异的理论，它阐明了为什么原子是如此空空如也。再举个例子，你知道吗？如果太阳是由香蕉构成的，那么它还是会像现在一样发光发热。这是因为，太阳的炽热其实并不取决于给它供能的是什么物质。或者你觉得不过瘾，那我再举个例子。事实上，97.5% 的宇宙是不可见的。这就很尴尬了，也就是说科学家们前赴后继、夙兴夜寐地投身科学界 350 多年，结果仅仅一窥浩瀚宇宙的边角余料。更为难堪的是，他们甚至不知道宇宙的主要构成成分到底是什么。

几年前，我曾在伦敦多切斯特酒店采访过美国行星学科学家、科学推广人卡尔·萨根（Carl Sagan）（我还清晰地记得，从他房间望出去正好能欣赏到海德公园和蜿蜒湖的迷人景色）。萨根写过很多纯科学著作，如《宇宙的联系》。在那之后，他写了他的第一部科幻小说《超时空接触》。这部小说又被改编成同名电影，由朱迪·福斯特领衔主演。我当时问他："你是更喜欢科学还是科幻小说呢？"他毫不犹豫地回答道："当然是科学。因为科学比科幻小说更为怪异。"事实也的确如此，我们发现自己所在的这个宇宙比任何我们的发明创造都要怪异得多。我希望，在下面的篇章里我能让读者们领略到科学的怪异和神奇。

我十分享受这本书的写作过程。我也希望你在阅读中能生出些许快意。我希望看了这本书之后，你至少能记住一些神奇的科学故事，以便在朋友聚会时秀出你的风采。

马库斯·乔恩

2018 年于伦敦

第一部分
关于生物学的故事

▼

1

生命共同体
你是三分之一棵蘑菇

我是如此愚蠢，竟然没有事先想到这个。

——托马斯·赫胥黎（在听闻达尔文提出的自然选择进化论后的感叹）

　　你是三分之一棵蘑菇。没骗你，不只是你，还有我，我们所有人与真菌共享三分之一的 DNA（我圣诞节卡片的寄送名单怕是不够长了）。这一事实强有力地证明了人类和各种蘑菇——甚至和所有地球生物——都是同一祖先进化而来的。英国博物学家查尔斯·达尔文第一个发现了这一事实。

　　1831 年，年仅 22 岁的达尔文在"贝格尔"号轮船上担任博物学者。在长达 5 年的航海旅程中，达尔文进行了一系列令人惊叹的动物学观测实践。举个例子，他发现在距离南非西海岸 1000 千米、与世隔绝的加拉帕戈斯群岛上生活着的鸟类和其他动物，都是由少数几种大陆生物变异而来的。不仅如此，加拉帕戈斯群岛不同岛屿上的鸟类之间也有微妙差别。其中最为有名的发现就是，在生长着大型坚果的岛屿上，雀类的鸟喙比其他岛屿的雀类要粗短一些。

为适应环境而进行了微调的工具：达尔文绘制的生活在加拉帕戈斯群岛上雀类的鸟喙。在自然选择中，鸟喙进化成为能适应各自岛屿上生长的坚果的最佳模样。

18 个月兢兢业业地研究之后，达尔文突然灵光一闪，想通了为何每种生物都和其生活环境如此契合。根本不是因为当时广为流传的说法，说什么万物生灵乃造物主所创。而是源于完美的自然机制，完美到我们误以为生灵都是造物主设计创造的。

达尔文发现，大多数情况下生物产生的后代比其获得的食物所能养育的后代数量更多。也就是说，部分后代只能饥肠辘辘地饿死。在生物挣扎求生中，那些最能适应环境、最能利用资源的个体得以存活。而那些不能适应自然的个体只能走向毁灭，死亡的生物个体数量大到惊人。但是，通过这种自然选择，生物在繁衍生息中得以不断进化，变得更加适应其所在的环境。

达尔文解释道，几百万年前，加拉帕戈斯群岛由于火山爆发而浮出海平面。少数物种——比如偶然飞来的鸟类，一些乘着植被形成的"竹筏"被暴风雨送来的其他小动物——从南非大陆搬到群岛上生活。刚到群岛，它们就发现这里真是一片荒芜啊。感叹一番后，也只能各自分散到小岛的各个角落安家落户。达尔文观察到的雀类分布在不同的小岛上，它们饱受自然选择的折磨：不能适应生存环境的雀类被无情地剔除，而适应性强的雀类则遍布岛屿。在生长着巨大坚果的岛屿上，只有那些进化出了短粗坚韧鸟喙的雀类得以生存，因为只有它们才能快速啄开坚果。

达尔文在不知悉两个关键信息的情况下，就能提出自然选择理论的确勇气可嘉。这两个关键信息就是：1. 生物性状是如何传递给下一代的；2. 后代的性状改变是如何产生的。这都是自然选择理论的基础。我们现在知道了，这两点其实是密切相关的。生物的生命蓝图都记录在一个叫脱氧核糖核酸的大型生物分子中，即 DNA。每个生物体细胞中都存在这种分子。[1,2] 而 DNA 中的突变通常发生在基因复制的过程中。细胞分裂产生的基因突变将增加新生细胞出现变异或新特性的可能性。"DNA 的特性是可以容忍轻微改变，这也正是它的魅力所在，"美国生物学家路易斯·托马斯如是说，"如果没有这种特性，我们还是一群厌氧细菌呢，当然也不会发明什么音乐了。"

4

根据达尔文理论，地球上所有的生物都是从同一个简单生物体，经历了自然选择的考验，然后进化而来的。所以说，我们与蘑菇共享三分之一的 DNA。而实际上，下列基因序列是地球所有生物所共享的，这当然也包括了我们体内那百万亿个细胞：GTGCCAGCAGCCGCGGTAATTCCA GCTCCAATAGCGTATATTAAAGT TGCTGCAGTTAAAAAG。[3] 达尔文认为，所有生物都是从同一祖先进化而来的，我们大家都是亲戚。那么，还有没有什么科学事实比这更为耸人听闻呢？托马斯说："当今地球上所有生物，所有细胞内的 DNA 都是从第一个分子衍生而来的。"[4]

　　达尔文明白，自然选择适者生存的进化过程异常缓慢，要发展成当今这样多样化的生物种群，没有几十亿年也要好几亿年的时间。我们星球的第一个生命迹象要追溯到 38 亿年前。科学家相信地球上第一个细胞——也就是我们所说的"所有物种在分化之前的最后一个共同祖先"，即露卡（LUCA）——于 40 亿年前出现，那时的地球形成仅 5 亿年。无生命体是如何跨出那神秘的一步，成为有生命体的呢？这始终是科学界的难解之谜。

2

猫鼠游戏

一些黏菌有多达 13 种性别

我得承认，我性欲很强。我的男朋友住在 40 英里以外。

——菲莉丝·迪勒（Phyllis Diller）

一些黏菌有多达 13 种性别（你却还觉得自己要找到伴侣并维持伴侣关系十分困难）。它们的生殖细胞都是相同的大小，不像人类的精细胞和卵细胞那样体积差异巨大。细胞的性别是由三个基因决定的，它们分别是：MatA，MatB 以及 MatC。这三个基因分别还有多种变异体，因此实际上这种细胞可能有超过 500 种性别。想要繁衍后代，黏液孢子就必须找到另一个与其在这三个基因上有不同变异的孢子。[1]

没有人知道为什么一些黏液菌有 13 种性别，还有一些甚至有多达 500 多种性别。当然，我们也同样不知道为什么人类有两种性别，或者人类为什么会有不同的性别。

进化这个游戏的目的在于将自己完整的基因，而不是基因片段，整个粘贴到下一代中去。[2] 这样的话，明智的做法就应当是克隆自己。只有克隆才能确保自己的基因能 100% 传递给下一代。实际上，地球上绝大多数生物都是像这样无性繁殖的。选择有性繁殖的生物体，实际上仅将自身 50% 的基因传递给了下一代。也就是说，有性繁殖的生物体不仅要比无性繁殖的生物体多产出一倍的后代才能达到同样的生殖效果，它们还得花工夫寻找合适的伴侣。这样看来，性别显得更像是累赘。

科学家也提出了很多关于性别意义的假设，然而直到近期也没有让人信服的说法。但是，科学家们越来越认同一种让人诧异的假想——性别和寄生虫密切相关。

在世界范围内不管任何时候，感染寄生虫的人数一直保持在 20 亿以上。寄生虫的种类从肠道蠕虫到疟原虫都有，它们通常身形小、繁殖快。也就是说，在其宿主生命周期内，它们将繁衍很多代。这样一来，寄生虫便能进化成极为适应宿主生理环境的模样，更加肆无忌惮地掠夺宿主体内的营养。后果就是，宿主会因此日益消瘦乃至死亡。

为了让你更好地理解有性繁殖与寄生虫之间的联系，我先告诉你一些必要的背景知识。你可以把 DNA 想象为一副扑克牌。无性繁殖中，后代继承其母体的整副扑克牌。当然，可能会有一两张牌由于基因突变而有轻微变化。而有性繁殖则不一样。后代从其父母双方各继承半副扑克牌，然后再洗牌，因此变得与其父母都不相同，成为独特的存在。于是，宿主体内的寄生虫便无法适应宿主后代的生理环境，只能饿死。

美国进化生物学家 L. 范瓦伦于 1973 年提出理论，他认为有性生殖的意义在于让那些寄生虫无所适从。[3] 简单来讲就是说，为了在寄生虫的肆虐下生存，宿主只能改变自己，而且要比寄生虫的进化更快。

刘易斯·卡罗尔在 1871 年《爱丽丝梦游仙境》的续集《爱丽丝镜中奇遇记》中写道，爱丽丝与红皇后并排奔跑，却惊奇地发现自己一直在原地。

"在我居住的地方，"爱丽丝喘着气说，"如果你像这样飞快地跑了这么长时间，都能到下个村子了。"

红皇后答道："在这个国度，你必须尽力不停地跑，才能使你保持在原地。"

2011 年，强有力的研究成果证明了范瓦伦的有性繁殖——寄生虫学说，即大家熟知的"红皇后"理论是正确的。[4] 美国生物学家通过基因工程，分别用两种方式繁殖两个种群的秀丽隐杆线虫：第一种是无性繁殖，用线虫个体的基因让自己的卵受精；第二种是有性生殖，让雄性和雌性交配繁衍。[5] 然后，生物学家用病原菌感染两组线虫。沙雷氏菌很快就歼灭了无性繁殖的线虫，而有性繁殖的线虫却得以存活。那些凭借有性生殖，以快于寄生菌变异速度改变自己的线虫，靠保持快速变异以求生存。也许这种说法并不浪漫，但爱情，或者说有性生殖似乎就是为了抵抗生物体内的寄生虫才存在的。

3

氧气戏法
小婴儿们是靠火箭燃料成长的

在我们每个人体内，都在进行着类似于蜡烛燃烧的氧化活动。

——迈克尔·法拉第[1]（Michael Faraday）

你可能不会把婴儿房里嗷嗷待哺的婴儿和腾云驾雾、一飞冲天的火箭联系在一起。然而，事实却让人大跌眼镜，他们的确都是使用火箭燃料、依赖相同的化学反应获取能量的。

你如果仔细一想，就会觉得这也非常合理。要将这么重的火箭送入轨道，需要一种在相同体积质量下最强劲的燃料，即供能效率最高的燃料。而地球上的生物熬过了将近 40 亿年探索—失败—再探索的自然考验，如果还不能进化出最为有效的生物供能体系，那可就说不过去了。

这种能量就是源于水和氢之间的化学反应——也就是我们在生活中常常说到的燃烧氧化。所有的动物从食物中摄入氢元素，从空气中吸入氧元素。而火箭使用的液态氢和液态氧则是由人类提供的。你需要了解一些背景知识，来理解氢氧之间是如何进行化学反应，又是如何能够提供巨大能量的。

氢氧原子（实际上所有原子都是这样）是由一个极小的原子核以及更加微小的电子组成的。原子核带有强大的电动力使电子沿轨道绕原子核运转，就像行星受引力作用，绕太阳运转一般。

在物理学中，物体都会想方设法地减少自身势能，然后用减少的势能做些其他等量的事情——这就是物理学中的术语"做功"。举个例子，山坡上有个球，这个球的重力势能就很高。一旦有机会，这个球就会想尽办法滚下山坡，以此减少势能。而原子里的电子当然也想效仿，把自己的势能也减小一些。

当两个原子靠近彼此，它们的电子就会重新安排一下自己的位置。如果各电子新位置的势能之和小于这两个原子相遇前的电子势能之和，那么这两个原子就会选择合并形成一个分子。总而言之，化学反应的本质就是：电子重新找个位置安家。

由于新分子的电子势能低于原先两个原子的势能之和，所以就有剩余的能量。物理学上有个基本准则，就是能量既不能凭空产生，也不能凭空消失。能量只会以其他形式出现——比如说，从电能转变为光能。化学反应产生的能量也可以加以利用做些有意义的事情。

应用于火箭发射的氢氧反应能释放大量的能量，准确地说是两个氢原子与一个氧原子反应，形成一个水分子（H_2O）。能量让水分子升温，变成白雾状的水蒸气从火箭后面喷射而出，速度惊人（原来火箭是靠蒸汽能上天的呀）。由于作用力和反作用力的关系，高速喷射的尾气能将火箭推动上天。

蒸汽驱动型飞行器：美国国家航空航天局（NASA）的非一次性航天器，利用氢氧化学反应，形成水蒸气推动航天器升天。

氢氧反应能释放极大的能量，甚至可以将火箭送往太空。[2] 而小婴儿也是靠同样的氢氧反应才得以生长发育。人类以及地球上所有生物都是靠这个反应才能繁衍生息。

然而，火箭中氢氧反应过于生猛，生物体可不需要这么"凶残"的化学反应。生物体内的化学反应十分精巧，能平缓地释放能量。

氢氧反应实质上和其他所有化学反应的本质一样：就是电子争相跳槽。具体来说就是，氧原子去挖两个氢原子的墙角抢来两个电子。[3]氢原子交出电子的同时和氧原子融合形成一个水分子。

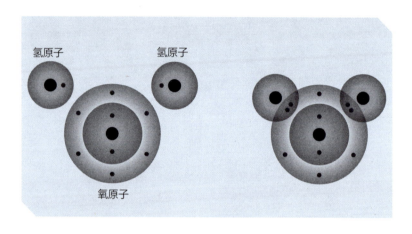

氢原子　　　　氢原子

氧原子

巨大的能量来源：右图为水分子，其能量比两个氢原子和一个氧原子（左图）的总能量小。剩余的能量就会释放出来。

虽然，在生物体中氧原子也会去抢夺细胞中氢原子的电子。但是在整个过程中，这三个原子根本就不用见面，免去很多尴尬。在氧原子和氢原子之间，横着一条蛋白质复合体构成的长链。电子能量充沛、十分活跃，它会沿着长链从这一头跳到那一头。

氢核，即质子会在电子的牵引下，穿过细胞膜上的通道或气孔，跑到细胞膜外侧去。[4,5]众所周知，质子是带正电荷的——与电子的负电荷相反。所以细胞膜外侧和内侧会形成电压。这与电子的原理相似，两极间会有电场形成。稍微推测一下，就能知道当那些异常活跃的电子沿着蛋白质长链飞奔到氧原子跟前时会发生些什么：细胞膜会变成一粒充满电的电池。事实上,细胞膜两侧的电场异常强大,足以和雷暴天气中的电场媲美——大家都知道雷暴天的电场非常强大,能够劈裂空气中的原子引发闪电。

幸运的是,我们的细胞并不会在耀眼的闪电中毁灭殆尽,我们又不是皮卡丘。这是因为,虽然细胞膜上的电场强大异常,但也仅在薄薄的细胞膜上传播(厚度大概只有百万分之五毫米),更何况还有其他分子挡在路上不让电场肆意妄为。

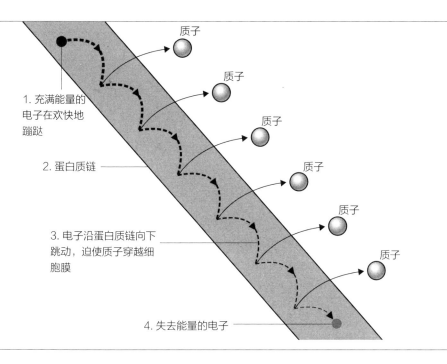

质子被推出细胞膜,由于自身带正电荷,将细胞膜变成一块小小的电池。细胞膜便能给生物体的供能装置 ATP 充电。

当然细胞膜电池的电场也有用武之地，它能推动化学反应产生三磷酸腺苷，也就是我们说的 ATP。ATP 是存储能量的分子，当然你也可以把它理解成是方便携带的电池。所以，当电子欢快地沿着蛋白质长链跳下去渐渐失去能量的同时，也给许多 ATP 分子充上了电。然后，ATP 就撒欢地奔走在身体各处，随时准备着给辛劳工作的细胞供能。

说穿了，你就是靠这些无数的小电池赖以为生。人体内的 ATP 分子约有 10 亿个，它们就像充电电池一样可以循环使用，每一分钟到两分钟就要全体循环一次。电动玩具只要几枚电池，就能用上几小时，而你每一秒钟要用掉 1000 万枚电池呢。

最后，电子终于走到蛋白质长链的末端，疲惫至极。而氧原子就在长链尽头，等它融为一体。之后，它们还要再等另一个来自其他氢原子的电子。当氧原子等到两个电子牵手成功后，氧原子的外电子层就达到满电子的理想状态。但是，故事还没有结束。

先前讲过，生物体中的氢原子来自食物。而细胞内精巧到不可思议的高效能源体系叫作克雷布斯循环，它能将氢原子从食物中，具体来说就是从糖类〔葡萄糖（$C_6H_{12}O_6$）〕和脂肪中提取出来，同时又将碳原子当作废料排出。而氧原子带着满电子的外电子层来献爱心，和废弃的碳原子共享电子，组成稳定的二氧化碳（CO_2）分子。生物体再通过呼吸，将二氧化碳连带水蒸气一同排出气体外。

总而言之，你从食物里摄取氢原子，把它的电子抢过来压榨完最后一丝能量，又把能量消耗殆尽的电子扔给氧原子。这就是所有婴儿，也是所有生命体获取能量的方式。

4

七年之痒

今天，你的身体制造了约 3000 亿个细胞

你的所有细胞，没有一个知道你是谁。它们根本也不在意，呵呵。

——丹尼尔·丹尼特[1]（Daniel Dennett）

今天，你的身体制造了大约 3000 亿个细胞。这可比银河系的星星还多呢，难怪我就算整天什么都不干也觉得疲惫不堪。

细胞外观就像一个小小的水泡，它是构成生物体的基础。事实上这么说也是合理的：只有细胞生物才是生命体。出土化石证明第一个细胞产生于 35 亿年前，而由生命产生的第一次化学反应则发生在 38 亿年前。这意味着生命起源的时间也许是在约 40 亿年前，也就是地球形成后仅 5 亿年的时候。

每个人都是一大堆不计其数的细胞的集合体。"这便是佐证人类个体并不是一个整体的证据。"美国生物学家刘易斯·托马斯如是说道。[2] 卡尔·萨根也说："我们每个人都不是一个整体，而是一个众多单元组成的集体。"[3] 说得准确点，人体是一个由约百万亿个细胞构成的集合体。这真是个天文数字，不禁让我觉得自己就像是个浩瀚的星系。不对，自己其实是 1000 个星系。因为人体内的细胞比 1000 个银河系的星星还多呢。

而每一个人体的细胞又像是个迷你的小世界，结构精巧复杂，如一座城市一样运营。细胞内有几十亿个微小的机器在不断运行，有行政中心，有制造工厂，有库房物流，还有永远繁忙的大街小巷。"细胞内有电站供能，"美国记者彼得·格温说，"还有工厂生产蛋白质以及重要化工产品。复杂的交通体系引导不同的化学分子去它该去的地方工作，有的还被派往细胞外去出差。还设有关卡和守卫，监督进出口物资，放哨预警。还有生物军队严阵以待，随时准备抗击外来侵略。而细胞内的基因就是掌控大局的中央政府。"[4]

当人体最小的细胞精细胞和最大的细胞卵细胞结合时，我们的生命旅程便开始了。每一个人在最初的半小时里都是一个单细胞（我记得那时的我很是无聊，好想再找一个细胞交朋友）。单细胞分裂成两个细胞，分裂过程看似平淡无奇却也惊天动地。在仅仅半小时内，细胞不仅要复制 DNA——在 DNA 多个点位同时进行复制——它还得制造多达 100 亿个复杂的蛋白质分子。[5] 也就是说一秒钟内，细胞需要生产 1000 万个蛋白质。一小时内，两个细胞又分裂成四个，然后是八个，它们会像这样继续分裂下去。等出现几个分区后，胚胎的不同位置会产生不同的化学分子使细胞开始分化。每个细胞都很清楚自己将成为什么样的细胞，有的是肝细胞，有的是脑细胞，还有的会成为骨髓细胞。最后，人体从一个孤零零的细胞分裂分化成为76万亿个细胞。

故事到这还没结束。除去脑细胞，我们体内几乎没有任何细胞会跟随我们一辈子。举个例子，胃壁细胞成天在盐酸里泡澡，而盐酸可是强酸，连剃须刀片都能溶解的，胃壁细胞可不得经常更换吗？因此，每三到四天我们的胃黏膜就会更换一次。而血细胞则要坚挺一点，但大概四个月也得退休换新了。实际上，你体内所有细胞大概每七年就会全部更换一次。难怪大家都说"七年之痒"。你看着自己的身边人，不禁想到，"这好像不是当初我下定决心要在一起的那个人了"。

5

与异类共生
你生时为人，死时却只有一半是人

有个人在我脑子里，我知道那不是我。

——平克·弗洛伊德（Pink Floyd）

你身体内有一半的细胞都不是你自己的。科学家曾经认为，人体内的外来细胞比例高达 90%。直到近期，才有研究成果将该百分比下降到 50%。[1] 但毫无疑问，这仍是个耸人听闻的消息，毕竟你身体的一半（多达 38 万亿个细胞）都不属于你。

真菌会依附在你身上搭便车，还有细菌也会。但是，如果不是你胃里那几百种细菌，你连吸收食物里的养分都做不到。这也是为什么吃了抗生素后人就会拉肚子。因为抗生素总是不分青红皂白，杀了致病细菌，同样也吊打益生菌。

细菌可比你身体的细胞小多了。虽然细菌的数量和细胞差不多，但它重量却很小。一个 70 千克的人体内只有 1.5 千克的细菌。

人类微生物计划是美国政府开展的为期五年的科学研究，简称 HMP。研究旨在识别人体内所有外来微生物并鉴别其作用。这是一个庞大的项目。[2] HMP 于 2012 年发布的研究结果表明，人体内有超过 1 万种外来细胞——这是你自身细胞种类的 40 倍。事实上，每平方厘米的皮肤上居住着大概 500 万个细菌。即使是针尖大小的地方，都有 500 个细菌凑在一起呢。而耳朵、后颈、鼻翼两侧和肚脐眼处更是细菌最为密集的地方。这些外来物种究竟在人身上搞些什么名堂，我们还不是很清楚。比如说寄居在人类鼻子里的细菌就很让科学家们摸不着头脑。HMP 研究这么久，仍对 77% 的细菌功能知之甚少。

HMP 发现有 29% 人口的鼻腔通道内含有金黄色葡萄球菌，即 MRSA 超级细菌。这听上去好像很可怕的样子，其实在健康人群中，此类细菌都在免疫细胞的监管之下，不敢为非作歹。但对生病体弱的人来说，金黄色葡萄球菌就变得很危险了。比如，在病弱聚集的医院，这种病菌就是个让人头痛的问题。

越来越多的证据表明，人体微生物群失衡将导致多种病症。包括各种肠炎问题，比如克罗恩病以及溃疡性结肠炎。更有一些迹象表明，微生物群失衡可能导致阿尔茨海默病。[3]

没有人是生来就带着各种细菌和其他微生物的。但自出生之后，母亲的乳汁以及生长环境都会使细菌和其他微生物找到机会，携家带口住进你身体里。到你长到三岁的时候，所有微生物群大致到位。这也是为什么说，你生来是一个 100% 的人，但去世的时候就只是半个人了。你的另一半身体都是租住的各种微生物组成的。

更为耸人听闻的是，HMP 发现人体内微生物共有 800 万个基因。每个基因是个编码，可以编写出某种具有特定功能的蛋白质。然而，人类染色体组只含有 2.4 万个基因。也就是说，影响人体的微生物基因是人类自身基因数量的 400 倍。或者这么说吧，你体内 99.75% 的基因都不是你自己。要是从基因角度看，你连半个人都不是呢，你只是 0.25% 个人。也可以说，你生来是 100% 的人，去世的时候却是 99.75% 的异种！

6

可有可无的大脑

小海鞘在大海里漂荡，要找一个可以依靠的石头。当它终于找到地方安家，它便不再需要大脑。于是，呃……它就把脑子吃掉啦[1]

前景堪忧啊各位……世界气候阴晴不定，哺乳动物也越来越厉害。而我们的脑子只有核桃那么大呢。

———盖瑞·拉尔森写的故事《在远方》里的恐龙如是说

小海鞘在大海里漂荡，要找一个可以依靠的石头。当它终于找到地方安家，它就不再需要大脑。于是，呃……它就把脑子吃掉啦。读到这里，你一定会想，那万一有天来阵巨浪把小海鞘冲下岩石了怎么办。小海鞘已经把自己的脑子吃掉了，它会像没了罗盘的水手一样在海里找不着北吗？还是会奇迹般地再次长出大脑，继续寻找另一个石头安家呢？[2]

事实上，要养个脑子是非常消耗能量的，小海鞘的自噬代谢就生动地阐述了这一点。这也是为什么地球上大部分生物都是没脑子的，就算是那些当前还有脑子的生物（比如说小海鞘），也会在不需要用脑的时候把脑子吃掉。哥伦比亚裔美国籍神经系统学家雷多夫·利纳斯是这么认为的："简单来讲，世上有两类生物：有脑子的动物和没脑子的动物。后者即是植物，它们不需要移动所以也不需要大脑。毕竟它们不会拔出根系，在森林大火中慌乱逃生！也就是说，生物如果想要灵活移动的话，就需要神经系统；否则就会很快死于非命。"[3]

人类的大脑却是异乎寻常地大。这很可能是因为，我们祖先曾经换了一下菜谱，开始决定吃肉了（肉类比蔬菜的能量可高得多），同时也得益于人们学了烹饪。如果说文字是我们的外设记忆存储器，那么炒菜锅就是我们的外设消化系统，因为烹饪可以分解肉类的蛋白质。这可帮了我们肠胃一个大忙，我们可以更好地消化食物。肠胃也可以减少能量消耗，攒下来给大脑使用。

让人惊奇的是，人类大脑仅需要约 20 瓦的能量就能进行复杂的运算，这点能量也就能点亮一个暗淡无光的灯泡。如果要一台电脑进行相同速度的运算，则需要 20 万瓦的能量，这足足是人类大脑耗电量的 1 万倍呢。即便如此节能，人类大脑相比其他组织细胞而言仍是个超级能耗大户。大脑质量仅占人体体重的 2% 到 3%，然而却能消耗掉 20% 的氧气。

但再换个角度想想，大脑有 1000 亿个脑细胞，比银河系的星星还多呢，所以即使它比人体其他部分更加耗能，也是说得过去的。大脑细胞又叫神经元，一个神经元通过手指形态延展的树突，与另外 1 万个神经元连接。计算一下就知道，大脑内能有近 1000 亿个神经元连接。我们获取的各种信息以及记忆就是储存在这些连接里的。你过的每一天、每一秒，每当你有了新的际遇，这都会改变你大脑中神经元的连接方式。正如美国认知学家马文·明斯基（Marvin Minsky）所言："大脑活动的准则就是改变自己。"[4]

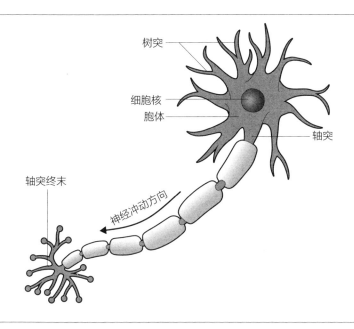

树突

细胞核

胞体

轴突

轴突终末

神经冲动方向

脑细胞，即神经元从其他神经元处，通过手指模样的树突接收到电信号。再通过长长的纤维，即轴突，将电信号传递给下一个神经元。

这些脑部活动可都是要消耗能量的——这也是为什么思考问题会让你疲惫不堪。"每次你读书或是聊天的时候，都会让你大脑结构产生实质性的变化，"美国科普小说家乔治·约翰逊说，"这么一想，似乎有点恐怖哟。每当你遇见了谁，就算是一次漫不经心的偶遇，你的大脑就会随之改变，有时甚至是永久性的改变。"[5]

神经元的连接就这么无穷无尽地变化着，同时消耗掉巨大的能量。即便是这样，人类却还是抱着大脑不肯放手，谁也不愿像小海鞘一样吃掉自己的脑子。

呃……或许只是看上去如此。

其实人类大脑已经比巅峰时期，也就是 1.5 万年到 3 万年前还轻了 10% 呢。[6] 这也许是因为，几万年前人类与猛兽一同生活，人类必须时刻保持警醒以躲避杀身之祸。而如今，我们成功地驯化了自己，我们再不用像祖先那样必备一些荒野求生的技能，比如说快速逃离死亡威胁，徒手搭棚子以及野外觅食等。人类社会日益壮大，我们再不用在野外求生。[7] 我们也比我们的祖先矮小，这也如同驯养后的动物一样，它们大多数体形也比在野外疯跑的时候要小。这并不意味着我们比祖先们愚蠢——毕竟大脑体积并不代表其智商高低——但这意味着我们的大脑结构和远古不太一样了，也许是变得更为高效了。

科学家们才刚刚开始了解大脑的工作方式。科学领域的终极前沿不在于太空，而是人类大脑。有人认为，从逻辑学上看大脑是无法完全理解大脑的。"如果大脑结构简单到我们可以理解，那我们将会变得笨到无法理解。"美国物理学家爱默生·M. 皮尤（Emerson M. Pugh）如是说。[8] 反正，大脑自己是不能理解自己的。但一群大脑还是可以一起研究研究大脑的，人多力量大嘛，毕竟我们全球科学界人才辈出。正如意大利格言所言："聪明才智可不是都属于一个人。"

Chapter
Two

第二部分
关于人类的故事

▼

7

交流，交流，交流

石器手斧的设计在 140 万年里都毫无更改

唯有变化不变。

——赫拉克利特（Heraclitus）

石器手斧的设计在 140 万年里都毫无更改。这出人意料的事实是几年前我在为《完美世界：人生，宇宙和世间万物》这本书做调研时，克里斯·斯特林格告诉我的。他是伦敦自然博物馆的人类起源专家。斯特林格说这段时期被古人类学家称为"无聊的 140 万年"。

当然，咱们人族祖先也使用木头作为原材料制成工具，但它们很快就烂在泥土里了。他们也用骨头做过工具，但又和其他骨骸混在一起无法辨认了。[1] 毋庸置疑的是，在那段无法从化石中寻到明显痕迹的岁月里，人类社会经历了翻天覆地的变化。比如说，他们学会了如何防控火灾，发明了语言，社交活动也渐渐变得复杂起来。

然而，在人类近 6 万代传承之中，竟没有一个人对石器手斧的设计提出任何改进意见。两相比较，当今社会却是截然不同，毕竟苹果手机每年换代一次都是极其正常的事情。我们很少感叹我们正处于史无前例的时代里。整个漫长人类史，大部分时间都是一成不变的——就算有些微小的进步，也是如冰封一般缓慢（事实上，过去 100 万年里有将近 90% 的时间都是冰河时期）。

农业的出现改变了这一缓慢的进程。在最后一次冰川时代结束后不久，也就是大概 1.3 万年前，人类开始尝试着种植庄稼。到了 8500 年前，中东的肥沃月湾地区居民成功地实现了小麦、豌豆和橄榄的人工种植。而到了 8000 年前，该地区居民又成功驯养了绵羊和山羊。中国也在公元前 7500 年实现了猪、蚕养殖，以及小米、大米的人工培育。随着食物日益丰盈，人类才实现了规模适中的人口聚集定居，并且开始从事捕猎和采集浆果以外的其他"工作"。

相比而言，在人类历史的大部分时间里，聚集规模也就 50 人上下。即使有什么发明创造——也许是石器手斧的扭力设计——也不太可能传播到别的地方去，只会随着这个族群的衰退而消失。举个例子，人类其实曾好几次学会如何取火，但秘方又数次失传，直到火种的秘密成为尽人皆知的常识。

随着农业的发展，大型社区开始出现，这让人类的思想和发明创造得以传播保存。农业使得人类可以在任何地方生存繁衍，也让人与人之间的交流迅速增长。[2] 如果要找三个词语概括形容过去 13000 年的人类史，那就是：交流，交流，交流。重要的事情说三遍。

当今社会变化迅猛，比以前快得多，就是因为现在人口众多，人们交流的机会越来越多，而人类思想和发明创造也传播开来。现如今，互联网的普及让几十亿人口，就算是在地域上相隔山海，也能互相交流。因此，人与人之间的交流迅猛增长。

这是如此美妙。就如人类史上发展速度空前绝后的前 13000 年一样，上半个世纪的科技发展速度也是空前绝后的。美国电脑芯片厂英特尔创始人之一摩尔·戈登（Moore Gordon），于 1965 年发现一个规律：每隔约 18 个月，电脑能力就会提升一倍。这也被称为"摩尔定律"。电脑能力按此定律不断加强——在 15 年内将比现在强 1000 倍——但这种增速也不可能无穷无尽。物理上的极限将限制电脑的尺寸以及电脑的运行速度。事实上，我们现在正处于一个非常不寻常的时代，一个无法再次复制的时代：这个时代里计算机能力成指数上升，我们猜不出这将对人类社会带来怎样的改变。

我们还是回到先前的话题。人与人之间的相互交流将我们带入现代社会，现在苹果手机也不可能 1.4 年都不做改变，更别说 140 万年了。当然，这也得益于另一件事情：农业。就如一位姓名不详的作家曾说过："人类巧言善辩世故圆滑，也达成诸多卓越的成就。然而，我们能够生存，却是得益于脚下这 6 英寸厚的表层土地，当然也得感谢雨水的灌溉。"

8

祖母的选择

仅三种生物有更年期

研究表明，养一只狗能让你年轻十岁。我第一个想法就是去领养两
只，但转眼一想，我又实在不愿意再经历一次更年期。

——琼·里弗斯（Joan Rivers）

女性每个月会周期性地排一个或两个卵子，当卵子排尽之后，她
就会进入更年期。一位女性的一生中将排卵约 400 个，一般来说她会
在 50 岁左右排尽所有卵子。（补充一个知识点，当你母亲还是你外婆
肚子里的胚胎的时候，卵子就已经在她卵巢中形成了。所以有学者认
为，你的生命并不是开始于你的母亲，而是你的外婆。）

值得一提的是，已知仅三种生物会在死亡前停止生育功能，而人
类是其中之一。其余两个物种分别是虎鲸和短鳍领航鲸。（不禁心疼

短鳍领航鲸女士，它们不仅要经受更年期的烦躁情绪，而且在潮热难忍时也只有短短的鳍可以给自己扇风）。

达尔文认为人生赢家的标准是：看谁产生的后代多。如果按这个标准看问题的话，女性在死亡前绝经，丧失生育功能就显得有些莫名其妙了。进化论的奥义似乎是更加偏爱那些临近死亡还能挣扎着多生几个的生物。那么，女性为何不多排些卵子呢？400个太少了吧，为什么不一辈子都排卵呢？

因为，应该考虑到其他因素。人到晚年，不仅生育过程将变得越来越危险，而且后代继承母体基因缺陷的概率也随之增加。另外，把孩子拉扯大也是十分辛苦的。年纪大的女性体力衰弱，可能熬不过养育后代的艰辛。很多生物学家相信，女性在一定年龄停止生育功能，是为了让她腾出精力帮助抚育子女的后代。更年期的出现，就是一场生物学上失与得的博弈。女性丧失生育更多子女的能力，却能帮忙照顾孙辈。因为相比而言，后者更为有利。因此在生物学家看来，祖母看似无私地奉献出继续生育的能力，却是为了自私的目的。

不过，科学界百家争鸣，也有人不赞同这一假说。反对者认为，孙辈仅继承祖母四分之一的基因，而子女却携带其二分之一的基因。这么简单的数学问题，划不划算，一目了然。

在其他灵长类族群中，女性在暮年也会继续生育，这也就一定程度上抑制了其女儿的生育可能。因为女儿将承担起照顾弟弟妹妹的重责。这也讲得通，因为兄弟姐妹也分享相同的基因。然而，对大部分人类而言，女性在成年后将离开她出生的家庭，嫁入夫家。而如果她的婆婆还能生育的话，她就得帮忙照顾那些与她毫无血缘关系的熊孩子，这在生物学上就讲不通了。如果事情反过来，由婆婆照顾媳妇的子女的话，婆婆就能帮助自己的基因繁衍下去了。"婆婆在生物学上所能采取的最好策略就是停止自身生育功能，避免与儿媳之间的生育竞争，转而帮助儿媳照顾孙辈。"英国埃克塞特大学进化生物学家麦克·康特（Michael Cant）如是说。[1]

关于祖母更年期的争论依据与科学家们用于解释同性恋为何普遍存在的观点颇为相似。人的基因和个体性状只能通过两性结合来传承繁衍。那么讲道理，同性伴侣间的基因互换就是在白做工，其基因也应该会很快灭亡。然而事实上，纵观历史，同性恋比例一直颇为稳定，维持在男性占比 3%，女性占比 2%。

同性恋长久以来一直存在，其中一种解释是，虽然同性恋的一些遗传基因并不符合自私基因的特性，但该群体也包含另一些符合自私基因特性的基因，这种情况在自然界中并不罕见。举个例子，一个基因可以使人类对疟疾免疫。然而，如果一个人从父母双方共得到一对而不是一个该基因时（只有一个基因时，才对人体有利），一对这个基因将导致镰状细胞贫血。这是一种痛苦的遗传疾病，病患的血细胞会变得扁平进而堵塞毛细血管。镰状细胞贫血一直存在的原因就是，造成该病症的基因本身是有利的，它能对疟疾免疫，增加人类的存活率。

当然，同性恋能够一直存在的原因是他们把基因成功地传递给了下一代。虽然现如今，人们还是习惯将性向划分为几个明显不同的类别，但实际上，性向类别覆盖了从百分百异性恋到双性恋，再到百分百同性恋整个范围。一个人可能不是纯粹的同性恋——或者在人生的一段特定时间内才是同性恋。因此，他们也会拥有后代。如果这种情况足够普遍，那么同性恋群体的基因便得以传承。

但是，另一种对同性恋的解释似乎更为可信——这种解释也同解释祖母的更年期缘由有异曲同工之妙。如果同性恋能帮助抚育与其有血缘关系的后代——比如兄弟姐妹的儿女——他们就能通过这种无私的自私来保证其基因能继续传递下去。这种说法也是生物学家用于解释生物学上另一个匪夷所思的行为：利他主义。为什么会有人愿意为了其他人而牺牲自己呢？理论上，人们更愿意为了和他们有血缘关系的人这么做——也就是为了亲人牺牲自己。这也是一种无私的自私吧！

9

失落的部落

智人相较尼安德特人的主要生存优势在于：缝纫

尼安德特人并不像动画里那样像大猩猩一般野蛮，居住在洞穴里。他们的大脑甚至比我们智人略大；也有充分证据表明尼安德特人会安葬逝者、照顾病人。他们也是第一个这么做的人类。

——贾雷德·戴蒙德[1]（Jared Diamond）

伦敦自然历史博物馆工作人员克里斯·斯特林格在和我聊天时说，他认为智人相较尼安德特人的生存优势在于：缝纫。毕竟，考古学家已多次在远古人类遗迹中挖掘出骨针，但从未发现尼安德特人部落中有任何缝纫用具。这样来说，难免会猜测正是因为智人有缝纫的技巧，能在苦寒的冬季为小宝宝做些衣物保暖，才使智人婴儿比尼安德特人多出那么一点渺茫的生存概率。智人才得以繁衍至今，而尼安德特人则在 4 万年前便已渐渐消亡。[2]

其实早在 1829 年，比利时昂日就出土了第一块尼安德特人化石。但直到 1856 年，一具距今 4 万多年的尼安德特人化石在德国杜塞尔多夫尼安德河谷附近的一个采石场出土后，世人才认识到尼安德特人也是原始人类的一种。

与其他原始人种一样，尼安德特人起源于非洲大陆。他们迁徙到欧洲以及西亚的时间比智人还早。在 25 万年前到 4 万年前曾广泛分布于欧洲和西亚地区，居住地向东延伸至南西伯利亚，向南至中东地区。智人在 13 万年前或更早的时候，也迁徙到上述地区，同尼安德特人做起了邻居。[3]DNA 证据表明，智人与尼安德特人都源自 60 万年前共同的祖先。[4]

尼安德特人头骨硕大，眉骨突兀，鼻子也挺大。因此，人们总把他们想象成憨傻大汉。而事实上，尼安德特人的大脑比智人大脑还略大一号。也有其他证据表明他们根本不是傻大个，且在很多方面都能匹敌智人。他们会制造工具，烹饪食材，还有艺术细胞，也会仪式庄严地下葬死者。[5]他们和智人一样，都是原始人类。他们甚至比智人更加健壮。科学家认为，这些进化有利于尼安德特人适应并在酷寒的冰河世纪中存活下来。因为人越是精悍，皮肤表面积就越小，那么热量散发量就越少。这一点在寒冷的环境中就显得十分重要。

大约 4 万年前，最后一个尼安德特人在地球上消失。[6]他们为何灭绝是人类史考古学上一个悬而未决的难题。当然，其中一个缘由就是他们不会缝纫。也可能是因为，尼安德特人不能像智人那样很好地适应气候变化，又或者是他们在占领地盘、捕获猎物上败给了智人。

尼安德特人曾在冰河时期中很长的一段时间里都是人生赢家，这是很难做到的。他们消失的原因就显得更加扑朔迷离。他们擅长伏击，可以捕获体形巨大的猎物，比如猛犸象、美洲野牛和驯鹿。即便是做人做得如此成功，尼安德特人仍在古人类进化史上眨眼的瞬间里，就莫名消亡在茫茫荒野之中。他们曾是我们血缘最近的亲戚。

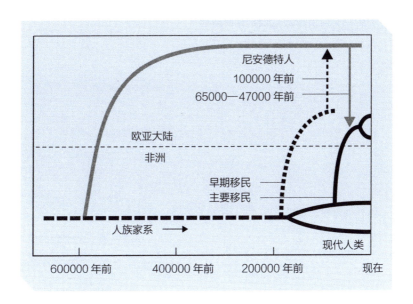

冰河时期的难兄难弟：智人和尼安德特人在过去很长的一段时间里，关系紧密，相互通婚。

但世事总不是绝对的。事实上，在非洲之外的人群中有 2% 的 DNA 是属于尼安德特人的。[7]因此，也不能说他们已然完全消亡；他们融入人群之中，没准此时此刻正与你擦身而过。

10

错失良机
首个登月成功的人并没有拍照留念

当我人生中第一次踏上月球，回望地球时，我不禁热泪盈眶。

——"阿波罗 14 号"宇航员艾伦·谢泼德（Alan Shepard）

美国国家航空航天局估算了一下，为了将人类送上月球，整个阿波罗计划耗费了大概 250 亿美元。这相当于现在的 1000 亿美元。但是，难以置信的是，美国国家航空航天局竟然没能把握住这堪称史上最为珍贵的拍照机会。他们居然错过了给登月第一人尼尔·阿姆斯特朗拍照留念。巴兹·奥尔德林是阿姆斯特朗的副驾驶，他没在第一时间给他同事拍一张照片。

事实也不是全然如此。这倒是有一张阿姆斯特朗站在月球上的照片，但只有他的一个背影！[1]另外还有一张照片里也有他，就是那张著名的奥尔德林登月照。这是阿姆斯特朗给照的，在奥尔德林的头盔观察窗上映着他那小小的白色身影。当时也有模糊的黑白影像从月球发送回地球，记录了阿姆斯特朗和奥尔德林的月球之旅。但也就这些了。人类第一次登月，这几乎和第一条鱼从海里爬上陆地一样重要的时刻，竟然没有一张好一点的照片记录。

尼尔·阿姆斯特朗恐怕是不喜欢上镜吧，他作为第一个登月的人类居然只是背对着镜头。

不过这也不能完全怪奥尔德林。根据原定计划，在两人长达 2 小时 31 分的月球探险中，阿姆斯特朗才是负责照相的那个。他们使用的相机是特别定制的哈苏电子数据相机，是由哈苏 500EL 款[2] 机械相机演变而来，采用 70 毫米胶片和偏振镜。宇航员们将它放置在胸前，靠想象感知镜头可能捕捉到的画面，因为相机并没有配置取景器。

在"阿波罗 11 号"探月之旅前，阿姆斯特朗和奥尔德林各自领了一个相机回家用于练习拍摄技巧。然而，月球表面的特殊环境仍给拍摄工作带来了诸多困难。地球上的大气分子可以散射阳光，使光照不至于过于炫目，同时也将光线均匀分散到阴影处，使暗处不至于完全漆黑。然而，月球上几乎没有大气，相机就得同时应对刺目的光和伸手不见五指的漆黑。两种极端的明暗界限十分明显，犹如被利刃切断一般。这对相机的曝光表来说可是一个大难题。

　　光与暗的急剧变化不是导致月球表面画面怪异的唯一原因。地球上，空气中悬浮的尘埃使光发生散射，因此我们看远方的事物才会觉得缥缈模糊，我们也会无意识地借此判断事物的远近。而月球上没有空气，便也无从判定事物远近了。换言之，你无法判定眼前的山，究竟是 20 米外 20 米高的山，还是 2000 米外 2000 米高的山。因为这两种情况，凭肉眼看上去都毫无区别。但是，仅凭照片人们很难领略到这种奇特的异域感。

　　我们也不能从照片上感受到月球表面的各种颜色。月球地表可不是灰蒙蒙一片，而是笼罩在淡淡的银色、古铜色和金色的光芒之下。更为奇特的是，随着相机取景角度的变化，呈现的色彩也随之变幻。这都是因为月球尘埃的奇特性。地球上的沙粒长年累月地经受海浪、江河湖水的冲刷。在漫长的岁月里，石砾相互摩擦、打磨抛光，最终成为无数个光滑的微型鹅卵石。但在月球上可没有这些操作。月球表面总是不断遭受小型流星体的侵袭，这些星体虽然微小却速度极快。它们撞击在月球岩石上，粉碎岩石的同时也使其温度急剧上升。这样一来，月球表面的沙粒更像是融化的雪花，而不是光滑的鹅卵石。当光照在月球尘埃那尖锐锯齿状的表面时，不同方向的反射光差异巨大。因此，从不同角度看去，看到的是不同的色彩变幻。

人们曾非常担忧月球的一些区域会被厚厚的尘埃覆盖，飞行器一旦着陆就会沉没下去、万劫不复。举个例子，在阿瑟·克拉克1961年出版的小说《月海沉船》中就有这样的描述："塞勒涅号"月球巡航器就搭载着满舱的乘客，绝望地沉没于月球死寂的尘埃当中。然而幸运的是，这种担忧从来没有真实出现过。

据阿波罗项目的工作人员说，月球尘埃闻上去有一股火药的气味。它们附着在宇航服上，让宇航员们看上去就像矿工一样。哈里森·施密特是唯一一个登上过月球的地质学家，他曾搭乘"阿波罗17号"登月，执行阿波罗计划的最后一次任务。但悲哀的是，他竟对月球灰尘过敏。[3]他怕是一路打着喷嚏回来的吧！

微流星体不断地袭击月球，将在约1000万年内完全改变月球表层"土地"面貌。也就是说，人类遗留在月球表面的足迹并不能永久，但大约也会比人类种族延续的时间要长点吧。

1969年7月20日，阿姆斯特朗和奥尔德林在月球静海（月球上众多的"月海"之一）的尘埃上留下足迹。而在大约360万年前，一小群人类部落在坦桑尼亚拉多里的火山尘埃中也踩下一串脚印。[4]这两组脚印对比便是体现人类文明进步的最佳图示；同时也让我们警醒，如果不能找到应对方法，解决威胁人类生存的全球危机，这得来不易的文明又经得起多少磨难呢？

Chapter

Three

第三部分
关于地球的故事

大自然的字母表

伸缩的岩石

大撞击

阳光的秘密

11

大自然的字母表
你的每一次吸气都包含了玛丽莲·梦露曾呼出的一个空气分子

如果将有大灾难来临，所有科学成果都将毁于一旦，而我们只能给后世留下一句话，那么怎样用最少的文字传达最丰富的信息呢？世上万物皆由原子构成。

——理查德·范曼（Richard Feynman）[1]

大约在公元前 440 年，古希腊哲学家德谟克利特曾捡起一个石块或是一根树枝（又或者是一块陶罐的碎片吧）问自己："如果我把这东西一分为二，取其中一份再分为两份，我能一直这么分下去吗？"他对答案胸有成竹，他认为不可能有物质可以无限地分解下去，物质早晚会分解到分无可分的地步。希腊文中形容"不可分"的词叫"atomos"（原子），于是德谟克利特便叫这种不可再分解的物质为原子。

德谟克利特所说的原子理论并不仅仅是不可分解这么简单。他还提出假设，原子可分为数个不同种类。不同种类的原子相互结合，可以形成玫瑰、椅子甚至新生婴儿。"我们能尝到甜、苦，感受到冷、热，看见各种颜色，"德谟克利特在书中写道，"但实际上世间万物都是原子，原子之外皆为虚无。"

这个想法真是惊才绝艳，它揭示了我们所处的繁杂世界不过是场幻觉，在冗杂繁复的表象之下，万物如此简单。眼前的繁华不过是由几个基本元素，以无限种组合方式相互结合而成。而原子就是基本砖块，它们就像乐高里的小方块一样，堆在一起组成了我们的世界。

在德谟克利特的观念里，万物归根结底都是简单的原子，这也是推动现代科学的基本信念。没人明白为什么宇宙的本质如此简单，但实践是检验真理的途径。在过去几个世纪里，科学家们前赴后继，推演出更多的物理定律，它们虽然简单而基础，却是维持世界运转的基本法则。

由于肉眼无法直接观测到原子，所以德谟克利特认为原子应该非常小。1000万个原子一个挨一个排成一排的长度，也许刚好等于这句话的长度。到了20世纪初期，出现了很多证据可以间接证明原子的存在。举个例子，想象一个容器，里面装着无数个空气分子，它们不停地敲打着容器壁，像雨滴密密麻麻地落在屋顶一般，这样就能解释为何气体存在气压了。然而，理论归理论，直到近期人们才真正地直接看到了原子。[2]

1980年，苏黎世IBM公司的职员海因里希·罗雷尔（Heinrich Rohrer）和格尔德·宾尼希（Gerd Binnig）合作设计出扫描隧道显微镜，即 STM。它的工作原理和盲人通过触摸人脸来构想他人容貌一样。STM 将微小的触针从物体表面扫过，记录下物体表面的上下起伏，再用电脑处理数据得到原子的图像。原子看上去像一个个小小的足球，也像堆放在箱子里的一个个橙子，正如 2000 多年前德谟克利特想象的一样。

罗雷尔和宾尼希也因发明了 STM 而获得了 1986 年的诺贝尔物理学奖。当然，德谟克利特那时还没有诺贝尔奖呢，但他也该被载入吉尼斯纪录里，因为他是最早预测出原子特性的人。

根据前文的知识点，我想再多讲些有趣的事：你的每一次呼吸会吸入一定量的空气，我们在这简称为一口气。那么整个大气包含了多少口气呢？这显然是一个天文数字。然而，事实说出来可能吓你一跳，这个天文数字还没有你一口气中所含的气体分子数多呢！那么，我们也可以合理地做出推论，你每吸的一口气中都含有玛丽莲·梦露曾呼出的气体分子，或者尤利乌斯·恺撒，又或者是世上最后一只霸王龙曾经呼出的气体分子。

12

伸缩的岩石
海潮上涨时，井水将下降

人间大小事，有其潮汐。把握涨潮，则万事无阻。错过了，一生的旅程就要于浅滩饱含苦楚。

——威廉·莎士比亚《裘力斯·凯撒》

　　你知道吗？海潮上涨的时候，井里面的水位线会下降；而大海落潮的时候，井水则会上升。早在公元前 100 年，古希腊哲学家尼奥斯（Poseidonios）就在西班牙观察大西洋海岸时，注意到了这种现象。他的原始记录早已不可考，但古希腊地理学家斯特拉博（Strabo）在其著作《地理学》中记载说："在加第斯（卡迪斯）赫拉克里姆的一座寺庙里有一汪泉水，人们往下走几步就能到达水面（那水喝上去口感不错）。这口泉水的涨落和大海的涨落正好相反。也就是说，当大海涨潮的时候，泉水回落；而大海退潮时，泉水就会上涨。"

令人匪夷所思的是，在尼奥斯之后漫长的 2000 年中竟然没有哪个科学家来解释一下这个怪异的现象。直到 1940 年，美国地球物理学家柴姆·莱布·佩克瑞斯（Chaim Leib Pekeris）才研究出其中缘由。原来月亮不仅能让大海潮起潮落，也能让地球上的岩石同样随之膨胀收缩，更准确一点，潮汐是由太阳和月亮共同作用产生的。月亮起到了太阳双倍的作用。艾萨克·牛顿第一个意识到潮汐就是地球由于月球引力而导致的变形，地球离月球越近的地方受到的引力越大。想象月球下面有一片海洋，海面的海水受到比海底海水更大的引力。上下引力差将海水朝着月球牵引。同样的原理，月球也会在地球背面引起二次潮汐。地球在两次潮汐之间持续自转，海水被牵引着涨潮又回落下去，所以一天里有两次潮汐。

而月亮也能引起大地的涨落，当然这不太明显。因为土地岩石要比水结实得多。我现在就来解释一下尼奥斯所观察到的怪异现象：井周围的土地都浸透了水，就像吸满水的海绵一样。当海绵在涨潮时向上伸展，它将吸入更多井里的水，水位就下降了；当海绵回缩的时候，挤出了吸收的水，水位也就上升了。

再举个更近一点的例子。日内瓦大型强子对撞器（LHC）有条 26.7 千米长的亚原子加速隧道，在这个环形隧道里，反向旋转的质子束以 99.9999991% 光速撞击在一起。2012 年 7 月，科学家们在这里发现了传说中的希格斯粒子。希格斯场的"量子"与其他所有亚原子粒子互相作用，使它们获得质量。

大型强子对撞器所用的隧道是征用了大型正负电子加速器（LEP）的隧道。1992 年，在大型正负电子加速器工作的物理学家发现一件奇怪的事情。他们每天需要调整正负电子的能量两次以保证它们能留在隧道内环绕。这看上去就像是隧道环的周长在一天内会变化两次，每次大约有一毫米的变化量。物理学家们挠了半天脑袋才明白过来这是怎么回事：隧道环下方的土地基石由于月球引力的作用，每天有两次伸展和回缩。

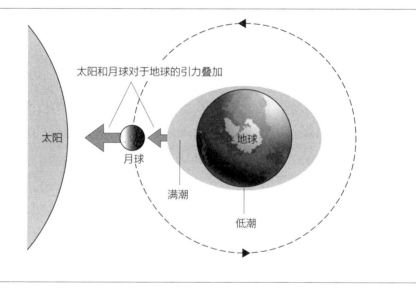

月亮和太阳都能导致地球海洋的潮汐，而月亮的作用是太阳的两倍。

13

大撞击

当恐龙由于小行星撞击而灭绝之前，它们提前 10 秒收到预警信号

恐龙之所以会灭绝，是因为它们没有太空计划。

——拉里·尼文（Larry Niven）

　　6600 万年前，有个城市大小的小行星撞击地球，造成恐龙灭绝。它不仅相比较而言体积很小，而且大概还和煤炭一般黢黑。[1] 在小行星进入大气层之前，天空不会有任何先兆。当小行星抵达大气层顶端，速度达到 17 千米 / 秒，与大气摩擦导致小行星剧烈升温变成炽热的火球，10 秒后就会撞击地面。恐龙当时也就只有这 10 秒的预警。

　　这种来自天外的袭击对地球而言那是家常便饭。1908 年，有个

几栋房子大小的天体在西伯利亚通古斯卡河上空约 5000 米处爆炸，将四周 2000 平方千米的森林都夷为平地，这面积大概有 1000 个日本广岛那么大。更近一点，在 2013 年，有个差不多大小的外来星体在俄罗斯车里雅宾斯克上方高空处分崩离析，爆炸威力相当于 700 万吨氢弹。[2] 这样大小的星体大概每 100 年来访一次，直径 1000 米左右的星体则是每 50 万年光临一次，而像 6600 万年前灭绝恐龙的罪魁祸首那样大的小行星，要 1 亿年才会光顾一次地球，这真是谢天谢地。

1980 年，美国物理学家路易斯·阿尔瓦雷斯带领的研究小组发现，铱元素层遍布全球范围内距今 6600 万年的地质层里[3]。这就是支持那次灾难性大碰撞的第一个证据。铱元素在地球表层并不常见，但在天外星体如陨石当中却含量丰富。阿尔瓦雷斯小组由此推断，在 6600 万年前一颗小行星撞击地球，干掉了恐龙。

此后科学家又在中美洲尤卡坦半岛希克苏鲁伯海域中，发现直径为 180 千米的巨大凹坑，它有一半没入海中。在凹坑附近还发现有撞击痕迹的碎石，其年份也与铱元素层年份吻合。这再次证明了小行星撞击地球的事实。

但迷雾仍未完全褪去。在小行星撞击地球之前的几百万年里，恐龙数量便一直在减少，这可能是因为在现今印度德干地盾地区曾有过规模巨大的火山爆发。有些喷发出来的岩浆直射入云，高达 2000 米，覆盖超过 50 万平方千米的地域。大量的二氧化硫也随着火山爆发喷发而出，直直冲入大气层，将阳光反射回太空。地球温度便随之下降，恐龙生存环境也日益恶化。也就是说，早在 6600 万年之前，恐龙已经渐渐开始消亡，而希克苏鲁伯大撞击不过是压死骆驼的最后一根稻草。

除了后来演变成鸟类的那一支恐龙以外，绝大部分种类的恐龙都已灭绝——两栖动物常常作为环境恶化的晴雨表，但它们却存活了下来，真是匪夷所思。[4] 科学家仍需要继续研究，在小行星撞击地球之后，究竟是什么原因导致了恐龙灭绝。虽然小行星撞击地球的威力比最强劲的氢弹还厉害百万倍，但引发的爆炸应该只是局部性的。也有理论认为，小行星撞击大海引发了超级海啸。而小行星内富含各种有毒金属，如金属镍等会污染雨水。有趣的是，近期科学研究认为，恐

黑暗的正午：6600 万年前，小行星袭击希克苏鲁伯，撞击产生的巨大热能让沉积的矿物燃料疯狂燃烧，巨大的浓烟遮天蔽日，仿佛黑夜笼罩。

龙灭绝只是单纯因为它们运气不好罢了。

　　地球地表仅有 13% 的地区像希克苏鲁伯一样富含石油之类的烃

类。而小行星恰好撞上了这里引爆了大量烃类，乌黑的浓烟遮天蔽日地涌入平流层。[5] 浓烟经年不散，笼罩整个地球，隔绝阳光，地球就此进入死寂的严冬。

现在我们已经认识到这些天外来客的危险性。我们的头顶之上，有数万个天体的运行轨道与地球的轨道有交集，它们可能带给我们灾难。科学家们已经开始记录这些星体的轨迹。但是，由于我们科技还不够发达，也不能把它们怎么样。虽然我们有能力击毁那些挡路的小行星，但它们的碎片仍会沿原轨迹继续运行。还有一种更好的方法，就是在星体上放置一个推进器。由于推进器的持续作用，数月或数年后，天体将偏离现行轨道不再挡地球的道。但是，我们还没能掌握这样的技术，我们只能祈祷自己不要像恐龙那样倒霉。当然，我们也可以思考一下，如果突然看见天空有预警，那么剩下的 10 秒自己想要做些什么。

14

阳光的秘密
与想象的相反，地球并未面临任何能源危机

只有熵来得毫不费力。

——安东·契诃夫（Anton Chekhov）

地球从阳光中获取了多少能量呢？答案是：无。是不是很神奇呀？地球将自己捕获的所有太阳能都辐射回外太空了。[1]如若事实并非如此，那地球就会越变越热，直到整个地表都变成一片熔浆的海洋。

那么，如果不是太阳能哺育地球上的一切生灵，又支撑起全球科技文明，那又是什么呢？答案是：可利用太阳能。两者之间差之毫厘谬以千里。事实上，地球是如何利用太阳的能量，然后又将太阳能量反射回去，其中原理涉及物理学上的重要科目：热力学。

首先我们要了解光的微粒，也就是光子，当它来源于太阳时，它的温度和太阳表层温度一样约为5500℃。然而当光子被地球再次辐射回太空的时候，光子的温度就降低到平均地球表层温度20℃了。这可比光子刚从太阳来的时候冷多了。

利用开氏温标可以直接有效地比较不同光子的能量。在开氏温标中，0开尔文表示可能达到的最低温度，也就是零下273℃。[2]那么太阳光子相应的温度就是5800开尔文，而地球则是300开尔文。这也就是说地球反射的光子是太阳光子能量的300/5800，四舍五入就是二十分之一。我先前说过，地球并未从太阳那获得任何净能。这就意味着，地球每接收一个太阳辐射的高能光子，就会辐射出20个低能光子。

大家都知道，追踪一个目标总要比追踪好几个目标要简单得多。同样的道理，单个光子也比20个光子要简单有序很多。有序的能源比无序的能源更能干活，用物理行话说就是"做功"。换句话说，来自太阳辐射一个光子比地球辐射的20个光子更加能做功。

到这里我不得不岔开一下话题，来聊一聊蒸汽机。说真的，蒸汽机可不仅仅只是撑起19世纪工业革命的中流砥柱，蒸汽机原理更具有普遍意义上的重要性。"人类所有活动，不管是消化食物还是艺术创作，归根到底都遵从蒸汽机原理。"化学家彼得·阿特金斯（Peter Atkins）如是说。[3]他这么说的原因在于，蒸汽机原理从根本上完美地解释了能量是如何做功的，以至于热力学这门学科都是通过研究蒸汽机而诞生的。

在蒸汽机里，高温蒸汽对大气压做功，从而推动活塞。做工完毕后，蒸汽就会冷却成为低温的液体。简而言之，高能量的物质（在这

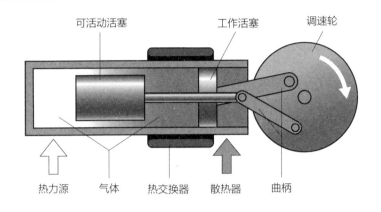

可活动活塞　　　　　　工作活塞　　　　调速轮

热力源　　气体　　热交换器　　散热器　　曲柄

最终，其实宇宙中所有活动过程都可以归纳为蒸汽机原理。高温的热能做功——也就是推动活塞，或者做一些其他什么事情——做完功就变凉了。

就是高温蒸汽）做功，而后变为低能量的物质（低温液体）。

温度是物体分子运动平均动能的标志。蒸汽分子（水分子）疯狂地飞来飞去，像一群疯狂的马蜂一样向四处分散，这也是为什么蒸汽的温度这么高的原因。在推动活塞向前的过程中，水分子的一部分随机运动将转变为活塞的整体运动。这就会导致水蒸气温度下降，进而液化成水。

如果你认为水蒸气的热能可以完全用于做功，那你就错了。因为只有小部分的水蒸气分子会向活塞运动的方向运动，只有这样运动的分子才能推动活塞向前。这就导致基本的物理现象：能量不能完全转换为有用功。

能用于做功的能量叫作有效能。而有趣的是，在总能量相等的情况下，高温体系的有效能多于低温体系的有效能。因为低温时，能量源已经疲惫不堪，丧失了做事情的力气。这个道理同样适用于蒸汽机里冷却成液体的水以及由地球辐射出去的光子。概括来讲，就是地球接收来太阳辐射的有效能高的光子，它们在地球上到处忙活，有的参与到各种生物代谢中，有的投身科技事业。每个光子就像一个小小的蒸汽机将有效能使用殆尽，然后变得毫无用处，最终被辐射回太空。

你应该听过熵这个术语。它是用于测量体系内的（比如说一定量水蒸气）混乱程度。你也可以这么想，高温条件下热能就像是一家喧闹的餐馆，而增加能量就像站在门口，叫喊着要点餐。这么做，并不会明显地让餐馆变得更为吵闹。而低温条件下的热能就像是个安静的图书馆，增加相同的能量，也就像站在图书馆门口朝着自习的人大喊。同样的声音在安静的图书馆里，显得格外突兀。所以，当在低温

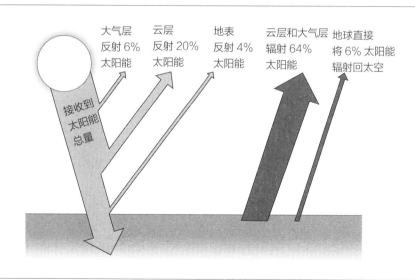

大气层
反射6%
太阳能

云层
反射20%
太阳能

地表
反射4%
太阳能

云层和大气层
辐射64%
太阳能

地球直接
将6%太阳能
辐射回太空

接收到
太阳能
总量

归根结底，地球将接收到的全部太阳能都辐射回了太空。

55

体系中加入等量的能量时，所带来的熵变更多。

　　每当蒸汽机中的热能做功时（或是在地球上进行着不可计数的光子反应），结果都是温度下降、热能减少，变得更加无序，也就是熵值增加。无序态的热能可没有能力去做有用的事情。这便是有效能的秘密（高熵值的能量有效能低，反之亦然）。

　　那么，回到先前的问题。我们再来聊聊太阳能和能做功的太阳能之间的区别：其实地球并没有使用任何来自太阳的能量，但太阳能却在地球上做了功——就像蒸汽机里做功的能量。每当能量一做功，该能量做功的能力就降低了。而实质上，太阳能也是这样，光子劳作到有效能耗尽之后，才被辐射回了外太空。

Chapter
Four

第四部分
关于太阳系的故事

▼

15

质量的力量
就算太阳是由香蕉组成的，它看上去也不会有任何不同

太阳就是一块灼热的巨石，体积比希腊略大。

——阿那克萨哥拉（Anaxagoras）

　　就算太阳是由香蕉组成的，它也不会和现在这个有任何区别。嗯，应该是不会有太大区别，至少还是一样灼热。为什么这么说呢？首先，我们来了解一下太阳如此灼热的原因：其实很简单，就是因为它质量大而已。外壳的物质向太阳核心挤压，使核心温度飙升。这个道理很简单，任何用气泵给自行车打过气的人都应该有这种感受。太阳核心温度高达 1500 万摄氏度，在这样的高温环境下物质分解成没有固定形态的状态，我们称之为等离子体。太阳才不关心自己是由什么物质组成的呢，反正只要质量足够大，最后都能达到等离子状态。

目前，太阳的质量约为 2000 亿亿亿吨，其中绝大部分为氢气。如果，你能把重达 2000 亿亿亿吨的微波炉或是香蕉堆放在一起，那你也能制造出一个炽热的太阳。这里的知识点就是：太阳的温度只由其质量决定，跟它是什么物质毫无关系。

但这只能解释太阳为何此刻如此炽热，却不能解释它为何能一直维持炽热。太阳持续散发着光和热，温度却向来稳定没有明显变化。一定是有什么把失去的热能补充回来了，而且补充的速度和热量流失的速度一样快。

在 19 世纪蒸汽时代里，人们很自然地认为太阳就是一大块燃烧的煤炭。当然，太阳的确是所有煤矿之母。依照科学家开尔文勋爵计算，如果太阳真的靠煤炭燃烧供能的话，那它只能维持 5000 年。这么短的时间，即使在爱尔兰大主教詹姆斯·厄谢尔（James Ussher）看来都错得离谱呢！他曾经仔细研究分析过《圣经》，并由此计算出地球（太阳也一样）诞生于公元前 4004 年 10 月 23 日上午 9 点。这对地质学家和生物学家而言就更荒谬了。

地质学家在巍峨的山顶上发现了海洋生物的化石，顺理成章地推论出这片山脉最初应该起始于海底。因为没有人在他一生中能觉察到山在生长，山要长成如今的高度需要几千万年的时间。生物学家认为生物进化至今所需的时间比山更长。查尔斯·达尔文取得有力证据证明世间生灵都是经过自然选择，由共同的祖先演化而来。也没有哪个人在他一生中能看见一种生物变换为另一种生物，所以达尔文口中漫长的进化至少需要几亿年，甚至几十亿年的时间。

陨石是太阳系诞生初期流传下来的遗迹，科学家们采用放射性测定年代法判断陨石寿命，其结果显示地球（也间接推测太阳）有 45.5

亿岁了。也就是说，太阳存在的时间比计算出煤炭燃烧的时间长了百万倍。再换句话说，给太阳供能的物质一定比煤炭强上百万倍。直到 20 世纪初期，这种高能能源才终于粉墨登场，它就是核能。

太阳的工作就是，将两个氢原子，也就是最轻的原子的原子核，融合成第二轻的氦原子的原子核。依据爱因斯坦闻名天下的质能方程 $E=mc^2$，反应物（两个氢原子）与生成物（一个氦原子）的质量差就会转化为太阳的能量。因为这个反应，太阳每秒要减少 100 万头大象的质量（做个比较，世界上威力最大的氢弹，也只能将约 1 千克的质量转换为以热能为主的能量）。

太阳上进行的核反应会发光发热，它对温度特别敏感，温度降低反应就减缓，温度升高反应就加速。但如果反应带来的热能过多，太阳上的气体就像所有加热的气体一样开始膨胀，然后又因膨胀而变冷减缓核反应速度；但如果产生的热量过少，气体就会收缩，然后又会因收缩而升温加快核反应。如此这般，太阳就像是自带着恒温器让自己一直保持着精确的温度。而奇妙的是，这个温度仅仅由太阳质量决定，和它的组成物质没有任何关系（所以，就算太阳是由香蕉组成的，它的内核温度也会保持不变）。

合成氦原子核的第一步就是让两个身处太阳内核的氢原子核撞向彼此，然后黏在一起。取平均值的话，这个反应过程大概需要 100 亿年，也就是说太阳能持续发光 100 亿年。那么现在太阳年岁刚刚过半。其实，太阳上的核反应是效率最低的一种核反应。举个例子，如果从太阳核心取一块与你的胃一般大小的物质出来，它供能速率比你的胃还慢呢！那你肯定要问了，为什么太阳如此炽热发光？因为太阳可不止你的胃那么大，它可比你的胃大无数无数倍呢。

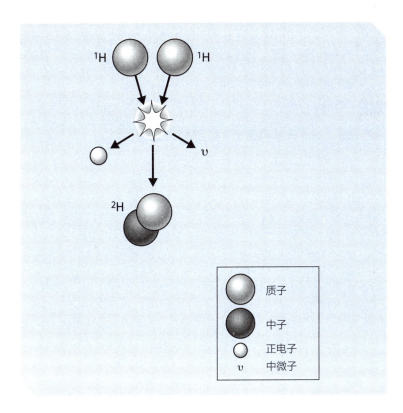

⚪	质子
⚫	中子
○	正电子
υ	中微子

太阳通过质子之间的核反应将氢原子转变为氦原子并发出光和热,第一步反应要耗费 100 亿年的时间。

下次你去晒太阳感受阳光的温暖时,你可要心怀感激,感谢太阳的核反应是如此低效。正是因为太阳工作效率低下,它才能持续 100 亿年发光发热,我们才有足够的时间进化至今。

16

太阳杀手

从前地球上有个人被电死了，都是太阳耀斑的错

太阳耀斑或是核战争爆发的话，就算拥有一千罐腌萝卜也救不了你。

——萨拉·洛茨[1]（Sarah Lotz）

从前，有个电报员在工作时被电死了。而在同一时期，低纬度地区可以看见血红色的北极光，十分耀眼。人们甚至可以在半夜借着那极光读报纸。[2] 这就是卡林顿事件，它是以业余天文学家理查德·卡林顿的名字命名的。卡林顿在伦敦南部观测到太阳耀斑同时，裘园（伦敦市郊著名植物园）的磁力计突然爆表了。这一事件改变了人们对于太阳的认识。在 1859 年 9 月 1 日之前，我们只知道太阳会发光，对地球有引力作用。但在那之后，人们才开始意识到，太阳表面，即光球层剧烈的电磁活动会向地球发射大量的电磁波，造成毁灭性的

后果。

20世纪20年代，英国天体物理学家艾丁顿爵士推算出太阳的内部结构，假设太阳是一个巨大的气球，那么太阳核心温度就应该高于1000万摄氏度。他意识到一个关键问题，太阳内部结构各个部分一定处于完美的平衡之中。因为，太阳并没有明显的膨胀或收缩。要保持这种流体静力学平衡，太阳各部分受到的向内引力必须与其受到的由炙热气体产生的向外推力保持完美平衡。虽然我们现在已经知道，太阳的热力来源于两个氢原子核融合为一个氦原子核，反应的副产物就是光和热。但艾丁顿并不需要知道太阳热能源自何物，就能得出这个结论。正如第15章中提到的，太阳核心温度只是由质量决定的，不管它是由香蕉、破烂的自行车或是废弃的电视组成的，只要质量一样大就能达到同样的温度。

艾丁顿脑海中的太阳就是一个简单到有些无聊的热气球。然而事实上，太阳的电磁场把太阳变成了一个变幻莫测、喜怒无常、易燃易爆炸的极端物理实验室。

磁场是由不断运动的电荷产生的。在简单的条状磁铁磁场中，只有原子内的电子在运动，而原子本身是静止不动的。要理解太阳构造，首先要知道太阳并不只是一大团简单的气体，而是充满电能的气体，混合着原子核以及电子，即等离子体。在太阳等离子体中，产生磁场的电荷是自由运动的，这和条状磁铁里的原子不同。这种电荷的运动导致了磁场变幻不定，而磁场又反过来影响了电荷的运动。磁场的电荷之间就这样互相影响。正是这种复杂的相互作用，导致太阳展现出各种磁场现象，比如太阳黑子或是太阳耀斑。

还有另一个重要原因导致太阳磁场异象：太阳并不是固体。事实上，太阳外层自转速率和内部不一致，甚至外层在不同纬度的旋转速率也不甚相同。太阳磁场因此不断扭曲变形，并且借此贮存能量，就像扭曲的橡皮筋贮存势能一样。

当强磁场浮现在太阳表面时，太阳黑子就出现了。它们总是成对

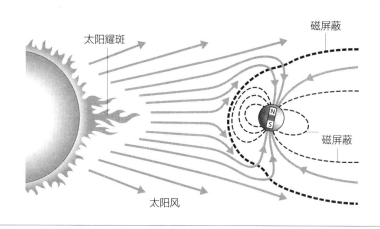

在某种意义上，地球轨道处于太阳大气的范围内。地球磁场能保护我们免受太阳风的摧残。

出现，这是因为磁场从一处浮出表面，又会从另一处沉没下去。磁场扭曲到极致然后与其他磁场连接，释放出的能量将炽热的等离子体通过太阳耀斑抛出太阳表面几万千米。更有时速超过 100 万英里的太阳风从太阳上呼呼地刮着，将磁场送达太阳系的每个角落。地球就在太阳的大气范围内沿轨道运行。太阳大气甚至可以影响到太阳系里最偏远的行星，太阳风伸出利爪，像雪耙铲进雪堆里一般刺进星际介质当中。美国国家航空航天局 1977 年发射的"旅行者 1 号"探测器于

2012 年 8 月 25 日探测到突增的宇宙射线，也就是银河系中发出的高能粒子流。这让"旅行者 1 号"成为首个逃离太阳大气，得以一窥星际空间的人造航行器。

研究太阳不仅仅是单纯的学术活动，我们深深依赖着这颗恒星为我们创造的自然环境。科学家研究了其他和太阳类似的恒星，得知太阳在极小概率下会发出超级耀斑，它足以将地球烫熟烧焦。更让科学家们担忧的还有日冕物质抛射（CMEs），更精准的叫法是日冕爆发。20 世纪 70 年代，人们才开始意识到这一危险，巨大的太阳等离子体和磁场就像导弹一般从太阳表面喷射而出。说得更形象具体一点，就是珠穆朗玛峰质量的物质以 500 倍喷气式客机的速度抛射而出。卡林顿事件就是一次日冕物质抛射活动，也是记录中最为凶残的一次太阳活动。

1859 年的时候，人们还没开始依赖电气科技，所以日冕物质抛射等太阳活动并未给人类文明带来什么严重后果。但现如今我们已然十分依赖电气科技，电网磁场的任何改变将会导致电流变强，以至毁坏电气设备。电报员在操作电报时不幸被电死，还有 1989 年 3 月 13 日那场波及 600 万居民的魁北克大停电，这些事件都是太阳磁暴暗中策划的。但是，现如今真正处于危险之中的是那些支撑我们日常生活的人造卫星、通信卫星、天气预报卫星还有全球定位卫星（GPS）。全球定位卫星不仅能帮助路痴找路，还在全球经济交易当中充当不可取代的角色。发达国家已然采取行动，加强电气基础建设以防止未来磁暴的危害。即使有防范措施，我们也得做好准备，万一哪天给予我们生命的太阳突然一个不高兴，就会把我们送回电气文明之前的时代。

17

万年前的光

你抬头看，今天的阳光有 3 万多岁了

愉快的回忆让我重回往日的时光。

——托马斯·穆尔（Thomas Moore）

科学史上有一张十分神奇的照片，深蓝色背景上面有一个橘黄色、充满颗粒感的光斑。我在科普演讲的时候，总喜欢把这个图投影在大屏幕上让大家猜。有人说是个正在爆炸的恒星，有人说是个原子，还有人说是一坨熔化的金属球。反正答案千奇百怪，但很少有人答对。这样才好，我就能用夸张的语气给出这个让人惊奇的答案："这是太阳啊！晚上的太阳。"

"你可得了吧，"总有人会站起来质疑，"晚上？太阳不是在地球另一边吗？"

"对呀，可不就是地球另一边的太阳！这张照片不是抬起头拍摄的，而是埋着头拍摄的，隔着8000多英里地球直径拍摄到的地球另一边的太阳。这也不是借着光拍摄的，而是借着中微子。"

中微子是一种来去无踪的亚原子粒子，是太阳核心核反应的生成物，数量庞大到不可思议。你现在如果伸出拇指，1秒内就有1000亿个中微子穿过你的指甲盖。你对此毫无觉察，因为它们非常不喜欢社交，它们一般不跟任何原子交流。要寻觅它的踪迹就只能使用充满大量原子的探测头，希望哪个原子能拦住一个中微子。

这张地球背面的太阳照片是由超级神冈中微子探测器拍摄的，探测器深埋在日本岐阜县下方的大洞穴里。探测器就像一个10层楼高的红烧肉罐头，灌满了5万吨的水。偶然间会有一颗太阳的中微子穿过探测器并很罕见地和水分子里的氢原子核，也就是质子互相作用。然后这个亚原子弹片被炸出水罐，这个过程会发出像超声速冲击波一般的光。你很可能都见过这种切伦科夫光的照片，其实就是在核反应堆旁放射性废料发出的蓝莹莹的光亮。

在超级神冈探测器那巨大的罐头内侧，满满覆盖着11146个直径50厘米的"灯泡"。它们就是名为"光电倍增管"的光探测器。只要记录下哪些光探测器被激活（探测到光线），以及激活的顺序，物理学家就能推测出中微子产生切伦科夫光的路径。

但这些细节都不重要。只要知道中微子几乎不和其他物质互相作用，因此从太阳核心往表层发散的时候才能畅通无阻地走直线，仅2秒就能抵达太阳表层。之后又花了约8.5分钟飞到地球。

再一次竖起你的大拇指。现在正穿过你拇指的中微子在约8.5分钟之前还在太阳核心呢。

然而，太阳光虽然也是由内核核反应产生的，却和中微子的际遇大相径庭。光是一束由无数光子组成的粒子流，它们从太阳内核去往表层的路程异常艰辛。光子们就像圣诞节抢降价商品的中年妇女一样，在异常拥挤的街道上杀出一条血路。它们可走不了直线，被挤到怀疑人生的它们只能 Z 字形前行。在太阳内部，光子走不到一厘米就会被其他物质反射向另一个方向。事实上，对光子来说，从太阳内核到外层的路途实在是太曲折了，要花上 3 万年的时间才走得完。对的，你没看错，是 3 万年！再想想中微子只需要 2

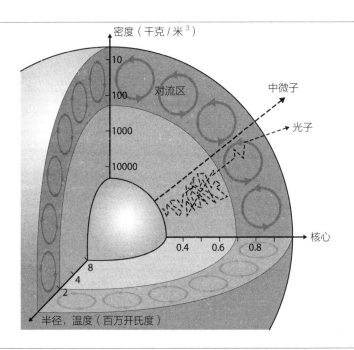

中微子只需要 2 秒就能从太阳核心抵达太阳表面，而光子（光）需要约 3 万年。

秒，不禁心疼一下光子。然后，光子从太阳外层抵达地球只要 8.5 分钟。

综上所述，你今天看见的阳光已经有 3 万岁了，它们差不多是在最后一个冰河时期诞生的呢！[1]

18

自由落体简史
虽然无法观察到现象，但月亮一直朝着地球下落呢

飞翔的秘诀就是学习如何把自己扔向地面，却又始终不摔在地上。

——道格拉斯·亚当斯[1]（Douglas Adams）

学生们不止一次问我，为什么人造卫星不掉下来呢？我的回答一定让你大吃一惊，我说，它们的确在往下落呀——但是它们永远也不会摔在地上！17世纪，艾萨克·牛顿成为第一个以这种角度看问题的人。当然，他那会儿可没有人造卫星，他思考的时候只能看着地球的自然卫星——月亮。他不断地思索为何月亮会绕着地球运行，以下便是他的解答。

想象一座大炮沿水平方向发射一枚炮弹。由于地心引力的作用，炮弹轨迹会向地表弯曲。大概飞过水平距离100米后，炮弹就会撞击地面。再想象一座威力更大的大炮，发射的炮弹速度更快。那么这枚炮弹能飞得更远，也许要 1000 米后才会撞击地面。然后，再想象一个巨型炮台，它是大炮之王，能发射出速度为 28080 千米 / 时的炮弹。这时，有趣的事情就发生了。众所周知，地球是个球体，而此时炸弹轨迹向地面弯曲的速率与地面偏离炮弹的速率相同，这样一来，炮弹就会沿着一个圆形轨道，一直下落却永远不会撞击地面。

牛顿认为这种想法也能解释月亮的运动方式——它始终朝着地球降落，却又亘古不变地围绕地球转圈。[2] 如今，国际空间站也拿出证据证明牛顿的理论。很多人以为宇航员失重是因为他们摆脱了重力的束缚，其实不然，要知道国际空间站运行轨道高度所受的重力为地表的 90%。所以，宇航员失重是因为他们正在下落，众所周知，自由落体的人是感受不到重力的。[3] 如果哪天你倒霉透顶，搭乘的电梯钢缆在半空中断掉，你就知道我没骗你。

牛顿意识到月亮正在下落的那一刻，他有了个大胆的想法。那个时期，人们普遍认为地球有地球的物理法则，宇宙有宇宙的物理法则，法则之间各自为政、互不干扰。但牛顿却站出来宣布，地球和宇宙的运行法则是一模一样的。他还特别指出，让树上的苹果掉下来的重力和让月亮下降的引力是同一种力。

牛顿通过对比这两个力推演出万有引力定律。他还推算出万有引力是遵循平方反比定律的。换句话说，如果两个物体之间的距离扩大到 2 倍，那么两者之间的引力会减弱到之前的四分之一；以此类推。

在 1665 年到 1666 年之间（被称为牛顿的"奇迹之年"），牛顿推演出万有引力定律。当时由于剑桥大学附近瘟疫横行，牛顿为了家人的安全离开学校回到老家林肯郡伍尔斯索普。在家的这段时间里，牛顿不仅顿悟了引力的秘密，知道了太阳光是由彩虹七色组成的，还发明了微积分这种数学运算体系。

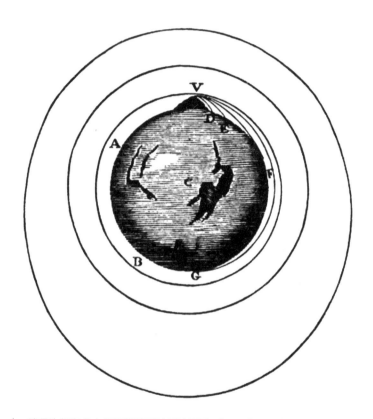

这是牛顿在书中用炮弹解释时用的插图。《原理》：一个沿水平发射而出的物体被重力向地面牵引。但是，如果该物体速度足够大，大到物体向地面掉落的速率和地表偏离物体的速率相同时，物体就永远不会撞击地面。

让人匪夷所思的是，牛顿在此后近 20 年里都没有告诉过任何人这些引力法则。最后还是因为埃德蒙多·哈雷的一次拜访，牛顿才决定将这个秘密公之于众。你可能不知道埃德蒙多是谁，但你总该知道哈雷彗星吧，那就是以他的名字命名的。在拜访中，哈雷想请牛顿帮忙来解决一场伦敦朋友之间的争端——雷恩和胡克在物体受平方反比定律力时所通过怎样的路径问题上互不相让。[4] 1684 年 8 月，哈雷去剑桥找到牛顿的房间，问这位科学伟人："为什么物体能以椭圆形轨道运行呢？"牛顿立马回答道："我已经算出来了。"

不过，当时牛顿费了好大劲也没能在那堆积如山的书稿里，找到他曾经写下的推理过程。但是人家哈雷专门从伦敦赶来请教，牛顿也只得承诺会重新推算一次再把结果寄给他。牛顿是个守信的人，哈雷在几个月后收到计算稿的时候都惊呆了。那足足有九页稿纸呢，封面还写着《论在轨道上物体的运动》。哈雷看过之后十分兴奋，立马请求牛顿发表出来，然而牛顿拒绝了。他其实想把自己所有关于引力和物体运动的理论都整合在一本书里。于是，他便开始了长达 18 个月的辛勤写作，最终出版了科学史上最伟大的著作《自然哲学的数学原理》。[5] 这世上也只有查尔斯·达尔文的《物种起源》能与之媲美了。

19

那个尾随地球的天体

很久很久以前，咱们地球也是有光环围绕的呢

月亮和太阳哪一个更重要呢？明显是月亮——太阳只在白日里闪耀，可是白天本来就很亮了呀。

——俄罗斯谜语

　　月球的起源一直以来都是个不解之谜。太阳系中的所有行星中，只有地球有这么一个如此接近自身体积的卫星。月球的直径为地球的四分之一，差不多都可以称地月系统为双行星系统了呢。

　　太阳系中的卫星有两个已知的来源。一种是宇宙中的碎石流浪到行星附近，由于靠得太近而被行星引力捕获。另一种是在行星形成的时候遗留下了很多碎石，它们黏合在一起，过程类似太阳形成时残留的碎片集合形成行星一样。但这两种来源的卫星都比其母行星小得

多，完全不像月亮和地球这样。所以研究行星的科学家推测月亮的来历一定很特别，和其他卫星都不一样。

在45.5亿年前，地球才诞生没多久，太阳系还是个十分危险的地方。组成行星的原材料宇宙巨石还在四处游荡。其中一个星体有如今火星那么重，它看上去尤为危险。果不其然，它朝着地球直直地撞了过来。碰撞的威力十分可怖，整个地表都熔为液体飞溅到太空，而后形成一个围绕地球的环形。

很多人都认为这就是月球的来源。证据就在"阿波罗号"宇航员带回来的月球岩石上。岩石的材质和地球地幔的材质十分相似，但又比最干燥的地球岩石还要干燥，就像是岩石里的水分都在极高的温度中完全蒸发了一样。这些情况都与之前的猜测相符。问题在于，这个火星一样重的星体需要以很低的速度，以接近地表切线的角度斜擦而过。只有这样才可能产生月球，要不就会直接把地球给打碎。但是围绕太阳转圈的这些天体，不管是比地球离太阳更近的还是更远的，它们的运行速度都比要求的速度大太多了。

要把这个"大飞溅"理论说通，就要假设先前说的火星重量的星体，我们就叫它忒伊亚（Theia）吧，假设它和地球在同一轨道上运行。这是可行的，只要忒伊亚的位置处于轨道上先于地球60度或者落后地球60度的地方，就能形成稳定的拉格朗日点（平动点）。[1]

在长达几百万年的时间里，忒伊亚一直耐心地等待时机，不断融合从它身边经过的其他天体，从而渐渐偏离平动点，最终向地球飞去。它就是那个尾随地球的天体！

忒伊亚撞击地球之后，飞溅到太空在地球周围形成的环并不会存在太久。这些液体碎片很快冷却下来，并且慢慢形成一个新的天体：

月球。最初，我们的月亮距离地球只有现在距离的十分之一，引发的潮汐是现在的 1000 倍。然而，潮汐会使地月体系能量减少。[2] 于是地球自转减慢而月球也慢慢远离地球，直至地月体系变为现在的模样。

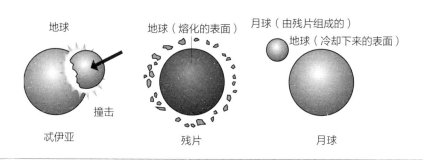

| 地球 | 地球（熔化的表面） | 月球（由残片组成的） |
| | | 地球（冷却下来的表面） |

撞击

忒伊亚　　　　　　　残片　　　　　　　月球

大飞溅：地球才形成不久的时候，就被一个火星重量的星体给撞了。这个星体叫忒伊亚，它的撞击让地球表面液化，然后飞溅到太空最终形成月球。

然而地月体系的能量仍旧不断消耗。此时此刻月球仍旧在渐渐远离地球，速度大概为 3.8 厘米 / 年。也就是说你这一辈子的时间里，月球会远离地球一辆小轿车的距离。我们能够发射激光到月球的反射器上再反射回来，反射器是美国和俄罗斯的航天器放置在月球表面的，又叫作角锥棱镜，物理特性就是反射回来的光和射入光方向完全一致。只要记录光往返的时间，又已知光的速度，要推算出距离易如反掌。

这些角锥棱镜是由美国航空器"阿波罗 11 号""阿波罗 14 号""阿波罗 15 号"以及俄罗斯"月球车 1 号""月球车 2 号"放置在月球表面的，这就啪啪打脸那些质疑人类是否到过月球的阴谋论者。

"月球车 2 号"的反射器时不时还能工作一下，但是"月球车 1

号"的发射器早在 40 年前就不知所终了。然而却发生了一件神奇的事情，近期月球观测器拍了张"月球车 1 号"着陆地点的照片传回地球，着陆点坐标也传送给了新墨西哥州的科学家。2010 年 4 月 22 日，科学家向该坐标发射了一个激光脉冲，奇迹般地接收到了 2000 个反射回来的光子。

这个硕大无比的月球对我们以及其他地球生物来说十分重要。这种大小的月球给地球提供了足够大的引力维持地球稳定的自转。如果地球转晕了头，开始有点摇摇晃晃的，月球就会把地球扶起来正常旋转。如果地球自转不稳，就会影响照射到地球的阳光。因此，月球稳住地球就是稳住地球气候。你看火星就很惨，因为卫星没这么大，它只能饱受极端天气变化的痛苦。如果不是在过去几十亿年里都能保持住较稳定的气候，地球万物就不可能进化成如今这般繁盛的模样。这都是月球的功劳。

月球还能掀起巨大的潮汐，一天两次让海岸线大片大片的海滩干燥地裸露在外。正因如此，在很久很久以前，海滩上搁浅的鱼类才会进化出了肺，为水生生物移民大陆打下基础。

月球甚至还帮助我们推动了科技的进程。月球可以导致日全食，它将太阳全部遮掉，让我们可以看见靠近太阳圆面的其他恒星。1919年，科学家也借此观测到因太阳引力而弯曲的其他恒星光，这是佐证爱因斯坦万有引力定律的重要依据。艾萨克·阿西莫夫在 1972 年的著作《月亮的悲剧》中甚至假设，如果月球是金星的卫星，那么科学就能早发展 1000 多年呢。[3] 阿西莫夫认为，如果人们看见金星有个目测可见的卫星在围着它打转，那么地心学说这样的伪科学根本就不会出现，教派也不会有借口迫使那些科学家缄口不言。

20

来吧，挤压我吧

如果把质量和体积考虑在内的话，太阳系中单位体积产生热能最多的星体并不是太阳

我有十足的把握说，木星周围有三个星体环绕，就像金星和水星环绕太阳那样。各种事实都能证明这个理论。

——伽利略（Galileo）

如果把质量和体积考虑在内的话，太阳系中单位体积产生热能最多的星体并不是太阳，而是木星的卫星木卫一（Io）。它就像一个巨大的比萨。

1979年3月8日，美国国家航空航天局"旅行者1号"太空探测器离开木星，飞向土星，预计于1980年年底投入土星怀抱。"旅行者计划"小组觉得还是得拍个离别照，于是把摄像头反过来对着木卫一。照片非常迷人，在遍布星光的背景上，一个小小的新月状卫星散发出磷光闪闪的气体羽流。

木卫一喷射：木星卫星木卫一上大型火山喷发现场。木卫一是太阳系中最为活跃的天体，它将喷发的物质高高射入太空。

接下来几天的时间里，"旅行者计划"小组共发现8处巨型羽流，喷发出的物质射入宇宙中几百千米远的地方。原来木卫一是太阳系中火山活动最为活跃的星体，拥有400多座火山呢。这些密密麻麻的火山口让木卫一看上去就像是布满橘红、黄色和褐色的比萨饼。木卫一上的火山不禁让人联想到美国黄石公园里的间歇泉，其实说它们是间歇泉比说它们是火山更为贴切。因为熔浆并不是直接以液态形式从火山口喷射出来的，而是被表层下超级炙热的二氧化硫液体转换为气体后，再从火山口喷发而出。这就正好和黄石公园里带着高压蒸汽的陆地间歇泉十分相似。

每年木卫一会向太空中喷射出百亿吨的物质，这些物质被木卫一微弱的引力捕获，在它周围形成一层硫黄罩，就像是黄石公园火山口附近的沉积物。综上所述，这就是木卫一为何看上去像个比萨的原因。这些绚丽的色彩也是由于硫元素在不同温度下会呈现不同化学价所导致的。

研究木卫一的活动关键就是了解它的邻居天体：木星和其他伽利略卫星。木卫一是四个伽利略卫星中距离木星最近的一个。它们是在1610年由伽利略通过新制的望远镜发现的，所以又叫伽利略卫星。木卫一与木星之间的距离和地月之间的距离差不多。但木星的引力可

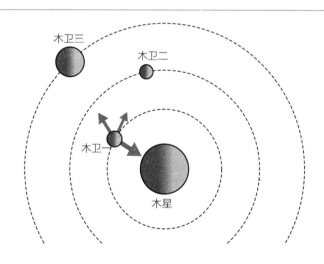

被各种引力牵引：木星、木卫二、木卫三共同作用造成木卫一潮汐性鼓凸，它一会儿被拉长，一会儿被压缩。

比地球大多了，是地球的 318 倍。所以不像月球要花 27 天才能绕地球一圈，木卫一仅用 1.7 天就能绕木星一圈。

木卫一为什么这么灼热呢？这就要问同样隶属于伽利略卫星的木卫二和木卫三了，它们都在更外围的地方。木卫三来头不小，它是整个太阳系中最大的卫星，甚至比距离太阳最近的行星——水星还要大。每当木卫一绕木星转四圈后，木卫二能转两圈，而木卫三刚好转完一圈。因为这种频率，木卫二和木卫三会周期性地处于一条直线上，此时它们对于木卫一的引力就会叠加，猛拉一把木卫一，使它的轨道延伸。于是木卫一就会摆动到更贴近木星的地方然后又往外回到轨道上，它就这么周而复始地运动。也正是因为这样的行动轨迹，木卫一的热量才如此惊人。

木卫一一面受到巨大木星的引力，一面又受到其他卫星的引力，由于两面引力不同，导致木卫一鼓起来了。当木卫一最靠近木星时的潮汐性鼓起，比它处于远离木星时要严重得多。[1] 木卫一就这样不断被压缩拉长、压缩拉长。就像你不断挤压橡皮球，它就会发热一般，木卫一也忍不住发热了。实际上，它的内部都热到熔化了。

就我们目前所知，如木星这般质量的围绕其他恒星转圈的行星还有好几百个。我们也有理由相信，这些行星也是有像木卫一这样的卫星陪伴的。这些系外卫星也会由于上述原因产生宝贵的内热。这意味着，就算这些系外卫星远离任何恒星不能靠着取暖，它们的星体表面也可能存在液态水。而液态水是生命出现的先决条件。也就是说，在我们的银河系中，更有可能存在外星生物的地方并不是在那些行星之上，而是在系外卫星上。

21

神秘六边形
土星的北极有个两倍地球大小的风暴圈，它的形状是六边形的

大自然的脑洞可比人类大多了。她十分精彩，我们永远无法停止对她的探索。

——理查德·范曼（Richard Feynman）

当地球上刮起旋风的时候，呃，风转的圈圈是圆形的。那么，你见过三角形的龙卷风没？那四边形或是六边形的呢？我猜你没见过。但是，土星北极的风就是这么怪异。

2007 年，美国国家航空航天局"卡西尼号"太空探测器飞过这颗戴着戒指的行星时，拍摄下一张土星北极的照片。有一个形状奇异的六边形巨型云状物在北极附近转圈，它有两个地球那么大。奇怪的是，在土星南极附近就没有类似的六边形风暴，只有正常的云状物围

绕着风眼旋转，就像地球南极极地上空的旋涡一样。

1981 年，美国国家航空航天局"旅行者 1 号""旅行者 2 号"太空探测器在路过土星极地时，第一次发现了六边形风暴。显然，这个六边形如蜂巢格一般的气候现象稳定且旷日持久。

为了找到解答六边形风暴来源的线索，科学家做了个实验。他们将液体倒入桶中并且剧烈地旋转，在一定条件下发现液体会自然而然

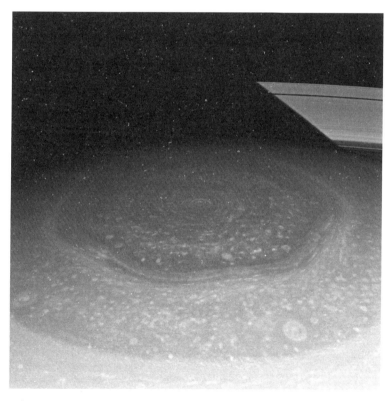

土星极地的六边形风暴异常稳定，是 1981 年由美国国家航空航天局"旅行者号"太空探测器首先发现的。

地呈现出多边形的形态，可能是三角形、四边形、五边形或者六边形。[1]科学家认为，这些恒定的驻波是因为液体撞击到桶壁反弹回来而形成的。那么问题就来了，土星北极的大气中可没什么大桶呀。

六边形风暴旋转的速度和土星自转速度大体相同，目前科学家普遍认为它形成的原因是喷流。土星上的喷流和地球的相似，但速度至少是地球的四倍。喷流是行星大气高处风的中心。目前，还没有研究员可以完全模拟出六边形风暴的所有行为模式。新墨西哥矿业及科技学院的一个由劳尔·莫拉莱斯（Raúl Morales-Juberías）领队的科学小组宣称，他们已经模拟出了和土星上六边形风暴十分吻合的模型。[2]科学小组模拟了土星极地旋转的喷流，然后施加干扰，或者摇晃喷流，喷流就会慢慢形成六边形，其旋转速率和土星自转速率也十分相近。

问题到这里是不是算完美解决了呢？除非出现一个能说服所有人的解释，我们仍将继续观望。

22

看不见的，看见了
天王星曾用名是：乔治

我深望宇宙，比之前任何人看得都要远。

——威廉·赫舍尔（William Herschel）

1781 年，德国自由音乐家威廉·赫舍尔在英国巴斯小镇的一个后花园里发现了天王星。

赫舍尔 19 岁的时候，和他妹妹卡罗琳一同从德国汉诺威市来到这个著名的温泉小镇，为一所教堂演奏风琴并以此为生。但是，他真心热爱的却是天文学。在巴斯小镇，赫舍尔捣鼓出了当时最为先进的望远镜。借助这些仪器，赫舍尔在 1781 年 3 月 13 日发现天边有颗模模糊糊的星星，最开始他还以为那是一颗彗星。但是，经过接下来几晚的观察，他发现这颗星星居然是绕着恒星转动的。因为它的运行轨道并不像彗星那样狭长，而是像行星轨迹那样接近圆形。

就这样赫舍尔发现了一颗新行星，这也是望远镜时代发现的第一颗行星。它运行在比土星更为遥远的冷寂太空，一夜之间，它的出现就让太阳系扩大了一倍，在此后很长的一段时间里，人们都认为它是太阳系中最偏远的行星。

赫舍尔十分在意他的移民身份，并非常希望能被英国接纳。于是，他决定称呼这颗新行星为"乔治"，这是根据英国国王乔治三世[1]命名的。呃，如果它一直叫这个名字的话，那么我们今天教授小朋友天文知识的时候，就只能说："按距离太阳由近至远的顺序排列，太阳系的行星分别为水星、金星、地球、火星、木星、土星……乔治！"

幸好法国人坚决反对用英国国王的名字命名新行星，他们宁愿叫它"赫舍尔"。最后还是德国天文学家波得·约翰（Bode Johann）建议说，要不还是按古希腊神话中天空之神的名字命名吧，叫天王星。就这样，天王星的名字才最终确定下来。

事实上，早在那之前的 1690 年，英国天文学家约翰·弗兰斯蒂德（John Flamsteed）就已然在茫茫天际中找到了天王星。但是，他当时认为那是一颗恒星而不是行星。约翰还把天王星分配给了金牛座，认为它是金牛座的第 34 颗恒星。

按理说，天王星发现得这么早，那么只要跟踪它的踪迹就能推算出它的运行轨迹了。然而，到 19 世纪中叶天文学家还对此一头雾水。因为，天王星并没有按照牛顿的万有引力定律，走寻常的椭圆形轨迹。他们总是无法准确地预测天王星的轨迹。

这时候，法国天文学家奥本·勒威耶（Urban Le Verrier）站出来提出他的猜想。他认为，这也许是因为在比天王星更加遥远的地方有颗我们还不知道的大型行星。它的引力影响了天王星，让其轨道变换不走寻常路。要计算这个未知星球的位置难度堪比登天，但勒威耶仍绞尽脑汁，克服重重困难，最终算出了具体坐标。然而，接下来的工作也有些棘手，因为勒威耶没法说服巴黎天文台台长，同意借用天文器材找到这个理论中的星球。无奈之际，勒威耶只得在 1846 年 9 月 18 日写了封信给在柏林天文台工作的约翰·伽勒，希望他能提供援助。

　　尴尬的是，伽勒其实先前曾给勒威耶写过信，讲述自己的天文理论。勒威耶根本就没搭理他。可见做人要善良。幸运的是，伽勒不计前嫌愿意帮忙。但是，柏林天文台台长约翰·恩克（Johann Encke）也和巴黎同僚一样，不是很想把时间花在这个看上去毫不靠谱的项目上。幸好，9 月 23 日恩克要庆祝自己 55 岁的生日。他心想反正这天晚上自己也没时间用，不如就同意伽勒用一用天文台里那台 22 厘米夫琅和费望远镜。

　　1846 年 9 月 24 日凌晨，伽勒和助理海因里希·德阿拉斯特（Heinrich d'Arrest）开始了搜索，不到一小时就在夜空里发现了这颗新行星，它正好就乖乖地待在勒威耶预测的位置上，就是这么稳。这是科学史上激动人心的一刻：这意味着，科学家可以仅凭计算去预测一些毫无痕迹的事物。牛顿的万有引力定律不仅能定义我们看得见的夜空，还能揭示那些我们看不见的神秘。它为我们绘制了一张"显示隐身天体的地图"，那些看不见的，都看见了。

　　这颗新行星名叫海王星。它在当时引起了轰动，也让勒威耶成为超级明星。这突如其来的名气甚至迫使他要去进行一个真的毫不靠谱的项目。[2] 传说还有颗未知的行星比水星更靠近太阳。有人甚至连名字都给它取好了，就叫"瓦肯星"。[3]

　　牛顿的万有引力定律是名副其实的永久财富，它不断带给人类惊喜。而如今的暗物质，就像100多年前的海王星一样神秘。我们能观测到暗物质的引力正影响着各大恒星以及星系，并由此推测出它比一般物质要重6倍。但是除去这些，我们仍对暗物质知之甚少。

23

指环王

伽利略认为土星是颗长着耳朵的行星

我最喜欢的一条科学理论就是，土星环是由客机上丢失的行李箱组成的。

——马克·拉塞尔（Mark Russell）

伽利略·伽利莱是科学史上的一个巨人。他发现了钟摆的等时性、自由落体定律，以及其他很多伟大发现。但 1610 年却是伽利略的职业低谷。通过当时最先进的望远镜观察土星时，他认为那是个长了一对耳朵的行星。1611 年，伽利略又改变了想法，认为土星有两个月亮，一边一个，大小分别为土星的三分之一。但到了 1612 年，他惊恐地发现那两个月亮居然消失了。慌张之中，他给赞助人托斯卡纳大公爵写信道："土星居然吞噬了自己的卫星?!"然而，到了 1613

年的时候，那两个月亮又出现了。这反复的戏弄让伽利略一头雾水。

遗憾的是，直到伽利略去世他都没能解开土星之谜。他在意大利

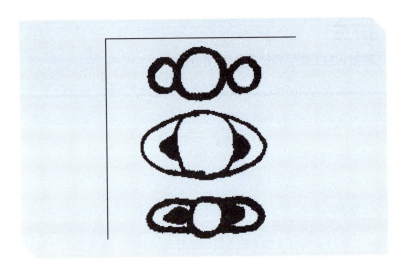

伽利略绘制的土星：望远镜里土星的模样让伽利略一头雾水。

帕多瓦遥望土星时用的望远镜太过简陋，不能揭开土星神秘的面纱。甚至在半世纪之后的 1655 年，这个谜题也只解开了一半。荷兰科学家克里斯蒂安·惠更斯设计了更为先进的望远镜，扩大倍率为 50 倍。借此，惠更斯发现原来土星是由一圈环状体系围绕的。

如今，我们清楚地知道从我们的视角看去，土星环是在太空中保持 26.7 度倾斜角旋转的，就像个陀螺仪一般。但同时，土星也在绕着太阳公转，因此从地球看过去的时候，土星环会呈现不同的角度。土星绕太阳一圈需要 29.5 年。这期间有两次，我们正好看见土星环的环边侧面，这时的环看上去就像是消失了一般。其他时候，由于土

星环和地球视角有角度倾斜，所以看上去真的就像耳朵一样。

太阳系中有环的行星还有三个，分别是木星、天王星和海王星。

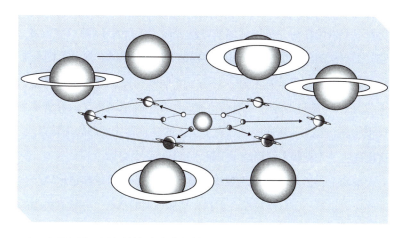

由于土星环在地球的视角上有倾斜角，所以在土星绕太阳旋转的时候，我们会在不同时期看见不一样的土星环。

但它们的行星环和土星环比起来都是小儿科。土星环从土星云顶开始一直延伸到距离土星中心14万千米的地方。举个例子让你感受一下这是多大吧。如果这个环是地球环，那它能延展到超过三分之一地月距离那么远呢。

当科学家了解土星环全貌后，紧跟着的问题就是：它的构成成分是什么呢？回答这个问题之前，我们先介绍一位19世纪的物理学家詹姆斯·克拉克·麦克斯韦（James Clerk Maxwell）。时间顺序上，他夹在牛顿和爱因斯坦之间，是当时最伟大的科学家，没有之一。麦克斯韦的主要成就是用一套公式，表达出电与磁之间的各种现象。并且着手研究光其实就是一种电磁波这一理论。[1] 也正是他在1858年凭借数学计算证明，如果土星环是一整块单纯的固体或是液体，那么环就会破裂解体。他得出的结论是：土星环是由不计其数的小颗粒组成的，当然你也可以理解为那是一大群小小的卫星。

一个世纪之后，美国国家航空航天局"旅行者1号""旅行者2号"太空探测器于1980年、1981年路过土星。虽然，地球上的天文学家们只能看见几个同心环，环与环之间有间隙，像卡西尼环缝一样。但是，"旅行者号"探测器拍摄的照片中却清晰地显示着数万个窄小的环状物，一环连一环。靠土星近的环自转比外部的环转得快，这也证实了麦克斯韦的理论：土星环并不是一个整体。

事实上，土星环是由无数碎粒组成的，其中99%都是冰块。这些碎块大小不一，从沙粒那么小到高楼那么大的都有，并且有极强的反射能力，在阳光下闪闪发光。这些碎块可能是像羽毛状雪花一样的结晶，它们不断结合又分裂。土星环的厚度很可能不超过20米。来给你形容一下这有多薄吧，如果把土星环按比例缩小成直径1000米的圆盘，它就会比剃须刀刀片还要锋利呢。

如果能把土星环的所有颗粒归拢起来形成一个球体，那么它的直径约有200—300千米。这样的体积相当于一颗土星中等大小的卫星。这么一说便引出土星环由来的一种猜测。曾经，也许有颗卫星绕到了距离土星很近的地方，不幸被土星的引力撕裂。又或许是往来的彗星或小行星击毁了一颗卫星。它的碎片便散落成了土星环。

土星环如此明亮，说明它的年龄不会超过4亿岁。因为往来的流星会带来尘埃，时间久了，环就会变得灰扑扑的。然而，4亿年其实是很短的，还不到地球年龄的十分之一。如果土星环真的只存在了这么短的时间，那我们人类是得多幸运才能看见土星环呀。但科学家不相信侥幸，也不会用侥幸来解释任何科学道理。所以他们问自己，是不是土星环已然很老了，只是看上去依旧光彩照人呢？如果组成环的物质在流星的作用力下，不断结合然后又分裂的话，这种说法倒也不是不可能。其中原理就如，打碎一个脏掉的雪球露出里面依旧洁白的雪一样。

土星环的故事讲到最后，还有个转折等着呢。事实上，土星外面那个根本就不算是环。它就像老唱片那样，上面有多重螺旋线般的凹槽。在流星撞击的影响下，冰冻的碎粒会开始振动，产生向外的螺旋密度波。当这种波传递时，会将颗粒挤压在一起，形成短暂的多环状现象。螺旋密度波也是咱们银河系伸出旋臂的原因。也就是说，土星环其实就像个超级迷你版的螺旋星系（银河系）呢。

24

星际之门

土星的一颗卫星上有座山，它用一个下午的时间就能长到两个珠穆朗玛峰那么高

上帝啊，这里星辰遍布！

——戴夫·鲍曼（Dave Bowman），《2001 太空漫游》[1]

小说《2001 太空漫游》中写道，土卫八是一扇"星际之门"，它是通向星系其他地方的大门。科幻作家阿瑟·C. 克拉克之所以选择这颗冰冻的卫星是因为它的一面比另一面亮十倍，看上去十分神秘。克拉克解释说，还有什么地方比这颗看似人造的星体还适合放置人造设备的呢？

土卫八为什么是个阴阳脸呢？这长久以来都是天文学上的未解之谜。自从天文学家乔凡尼·多美尼科·卡西尼（Giovanni Domenico

Cassini）于 1671 年发现这颗卫星以来，这个难题就一直悬而未决。反正不太可能是什么外星神秘生物造成的，倒可能是因为那壮丽迷人的土星环。

2004 年 12 月 31 日，美国国家航空航天局"卡西尼号"太空探测器路过土卫八时拍摄的照片，就是解开这个谜题的关键。照片里，这颗表面坑坑洼洼的卫星上各种细节都展示得一清二楚。其中有一个情况让研究行星的科学家大吃一惊。

这颗卫星上将近三分之一周长，连绵 1300 千米的表面上延展着形态怪异的山脊。有些地方山体达到 2 万米高，比珠穆朗玛峰还要高一倍多。而卫星的直径仅 1436 千米，比我们月球的一半还小呢。山脊走向十分贴近卫星的赤道。这种情况，在整个太阳系都是独一份呢。

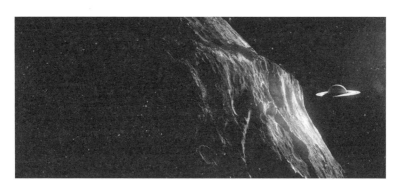

| 巨大的山脊：巨大的山脊不断延展，曼延整个土卫八三分一个周长。

除了阴阳脸，山脊问题也是土卫八上的谜题。但是万一正是这个山脊将土卫八划分成明暗两部分了呢。能不能说这两大谜题是相互关联的呢？这正是行星科学家卡罗琳·波鲁克的猜测，她也是"卡西尼

号"探测器图像组组长。

但是，位于波多黎各岛的阿雷西沃天文台天文学家保罗·弗莱勒（Paulo Freire）则认为，土星环可以为解开这一谜题提供线索。他提出，土卫八曾经游荡到离土星环很近的地方。土星环很可能是源于一颗或两颗卫星的残骸，虽然只有约20米厚，但里面全是不断翻滚的冰块，尺寸从尘埃到一大栋房子般大小都有。而土卫八却懵懵懂懂地跑到环的边缘去了，就像一块石头遇到了切割机。在星球与土星环边端接触处会产生强烈的撞击和爆炸。[2]

弗莱勒认为，在这种撞击和爆炸中极短的时间内，土星环的大量物质将遗落在土卫八上。他甚至还计算出了物质的质量。首先，他先假设土卫八和土星环的相遇时间仅为几小时，而土卫八环绕土星一周需要79天的时间。已知土星环物质的平均密度，土卫八和土星环的相对速度（大型喷气式客机速度的10倍左右），弗莱勒推算出，在每1米土卫八山脊沿线上会堆积2500万立方米的土星环物质。这个数量十分惊人，足够形成一座高5000米、底宽10000米的山脊了。

如果土卫八从整个土星环中穿过去的话，那么山脊应该连绵半个土卫八。但星球上的山脊的长度仅有土卫八三分之一个周长，所以弗莱勒认为土卫八只是与土星环擦肩而过。

就算以上推测都是真的，土星环和土卫八之间的碰撞，让这颗卫星在短短一个下午的时间里，就长出一座珠穆朗玛峰两倍高度的山脊。那么，土卫八的阴阳脸又怎么解释呢？黑暗就是以这片山脊为中心展开，覆盖了大约半个星球。土星环中有99%的物质是固态水，冰块的反光让环看上去十分明亮。但组成环的物质中还有黑色的尘埃。那么问题就应该是：这些黑色的尘埃是如何从山脊上散播到整整半个星球的呢？弗莱勒解释道，土卫八和土星环上都存在固态二氧化碳，也就是我们常说的"干冰"。在猛烈的撞击中，干冰会变为气态。这样土卫八上就会形成短暂的大气。

二氧化碳从固态直接升华变为气态，过程就像爆炸一样强烈。于是在短暂停留的大气中，有稀薄但异常猛烈的飓风从山脊处吹起来，将尘埃刮向茫茫的远方，覆盖土卫八的大片土地。于是黑色的尘埃渐渐地从山脊蔓延开来，形成了我们现在看见的阴阳脸。

不过，土卫八要想接触到土星环边端，那它只能是在这个环盘的平面上运行，山脊也才能正好沿着星体赤道形成。但是，现如今土卫八的轨迹并不在环的平面上。由此可以推断出，土卫八原先应该是在环平面上运行的，但后来就被什么东西撞击，最终被排挤到现在的轨道上来了。这个罪魁祸首最有可能是其他卫星。

从前也许有很多围绕土星的卫星都挤在混乱不堪的轨道上。曾经这种场景很是稀松平常。因为，太阳系的行星就是这么形成的，各个天体在混乱之中绕着太阳转动，它们相互碰撞合体才形成了如今的行星。同样的道理，土星的卫星也是在混乱和碰撞中形成的。其他围绕土星的天体都重复着撞击、碎裂和合并，但是除了一个相对较大的卫星——土卫八。

当然，弗莱勒并不是唯一一个就土星这两大问题提出猜想和解释的科学家。有其他理论认为，在很久很久以前，有一个冰冻星体撞击土卫八。撞击产生的碎片又形成了一个小卫星——卫星的卫星。渐渐地，这个迷你卫星以螺旋下降的路径投向土卫八的怀抱，最终分解成无数的碎片形成这座巨大绵长的山脊。[3] 还有理论称，土卫八生来就会快速地自转，星体物质会向外甩，因而形成赤道山脊。[4] 但遗憾的是，没有任何理论提出假设：土卫八上真的有星际传送门！

▼

25

掌心里的无限空间
你可以将所有人类放进一块方糖大小的立方体里，尺寸刚好

一沙一世界，

一花一天堂，

掌中握无限，

瞬时纳永恒。

——威廉·布莱克（William Blake），《天真的预示》

你可以将所有人类放进一块方糖大小的立方体内，尺寸刚好。因为，物质实际上空旷到了让人匪夷所思的地步。你可能已经在学校知道了原子的构造。像乐高积木里的小方块一样，原子是组成世间万物的基本粒子。恰当地说，原子就像一个微型的太阳系，中心的原子核替代了太阳的位置，四周有电子如行星般沿轨道环绕原子核运行。但是，这种比喻并没能将原子内部无际的空旷展示出来。而剧作家汤姆·斯托帕德的描述最为贴切："将手握成拳头，想象你的拳头就是原子核，那么原子就有圣保罗大教堂那么大。如果恰好是一个氢原子，那么它唯一的电子就是蛾子般大小，在空荡荡的大教堂里飞舞，一会儿在穹顶，一会儿又到了祭坛。"[1]

事实上，原子内部空无一物的空间占了整个原子体积的99.9999999999999%。这么说来，你的身体就如魂魄一般虚无，我也一样。我们其实都像魂魄那样缥缈。所以，如果你能把全世界70亿人类身体中的那些空荡荡的空间都挤压出去，那么你就正好能把所有人都装进一块方糖大小的立方体里了（虽然这个小方块会非常重）。

以上并不仅仅是理论上的空想。在宇宙中存在一些星体，它们的原子内空间都压缩殆尽了。这就是中子星，也是大质量恒星生命演化的终点。当星体像超新星一样爆炸，将其外层结构向外抛撒时，与之

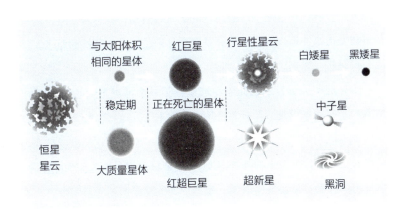

超新星爆炸后可能成为密度极大的中子星。一块咖啡方糖大小的中子星土壤和所有人类的重量一样。

101

相反，其内核会产生内爆并向内坍塌（事实上，我们认为正是这种内爆导致了外部的爆炸）。星体在爆炸后变为中子星，仅有珠穆朗玛峰大小，然而其质量却约等于太阳。如果你能去中子星一趟，挖一块方糖大小的土块，那么这个小土块就和全世界的人的体重之和一样大啦。

然而，为什么原子如此空旷呢？量子理论能给出答案。在描述微观的原子世界以及原子结构组成时，量子理论是我们最好的工具，它出色地完成了各种任务。量子理论带给我们激光、电脑还有核反应堆，也告诉我们太阳为什么发光，我们脚下的土地为什么坚固可靠。实际上，量子理论也是人类至今为止发现的最为完美的物理理论，它能预测科学家的实验结果，也能算出天文数字里小数点的准确位置。而且，除了是组成物质和预测物质的绝佳选择以外，量子理论还另辟蹊径，让我们得以一窥隐藏在真实表象之下的"爱丽丝仙境"。在这个奇异的量子世界中，一个形单影只的原子能够同时出现在两个不同的地方——就像你在同一时刻出现在伦敦和纽约一样神奇。这里的一切事物变得毫无道理可言，就算是两个分别位于宇宙两端的原子，都能在瞬间相互影响对方。

所有这些关于量子的无序性都是源于一个可观测到的简单现象：物质的这些基本组成微粒有着奇特的双重本质。这些微粒能在一定范围内规矩地当个粒子，就像台球桌上的台球一样。而它们也能呈现为扩散的波，就像池塘里的阵阵涟漪。[2] 不要试图想象这为何如此怪异，你是想不通的。事实上，电子、光子及其他组成世界的基本微粒，不像日常生活中的任何事物，它们既不是粒子也不是波——我们还没有造出描述它们的词。就如同一个永远无法直接观测的物体，我们只能

102

从临近的两面墙上看它的影子一般，我们也仅能通过量子世界在实验室里留下的踪迹来一窥一二：一个实验结果是一颗小小的微粒，另一个实验结果是跳动的波纹。

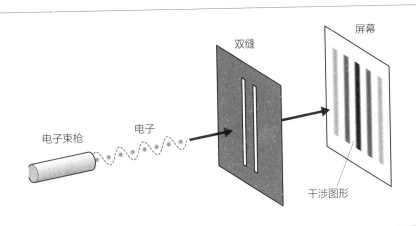

在双缝实验中电子就如波一样，每一个电子都会通过垂直的双缝。各个波的波峰和波谷交替重叠，从而使波增强或相互抵消。因此，屏幕上出现了干涉图像。

关键在于微粒越小，则其量子波能量越大。[3] 而我们熟悉的最小微粒便是电子，因此它的量子波能量也是最大的。因为电子需要很大的空间来施展身手，所以原子只能腾出相比原子核而言大到离谱的空间给电子——原子就是个巨大而空旷的空间。[4]

事实上，正是电子的波属性才使得原子得以存在。就如美国物理学家理查德·范曼所言："原子根本不能用经典物理学来解释。"范曼的意思是，根据电磁学理论，电子在围绕原子核旋转时，应当像一个小型无线电发射器，持续发射电磁波。这样电子便会慢慢消耗能量，在不到一亿分之一秒（10纳秒）内就会以螺旋形轨迹一头栽到原子核里去。这样一来，原子就会向内塌陷，而我们都将不复存在。

然而事实却与之矛盾，毕竟原子存在时间至少有宇宙年龄那么大——138.2亿年。这比詹姆斯·克拉克·麦克斯韦电磁理论预测的时间长了 1×10^{40} 倍。[5]

量子理论却能将我们从困惑的矛盾中解救出来，因为电子波能扩散且所占空间极小。电子并不会被压制到原子核中。这样一来，原子便得以存在——真是谢天谢地，毕竟我们都是由原子组成的呀。

一则逸事完美地概括了量子世界的混乱无序：物理学家约瑟夫·约翰·汤姆森因论证电子是粒子而获得诺贝尔奖。而他的儿子乔治·汤姆森则是因论证电子并不是粒子而获得诺贝尔奖。我能想象汤姆森一家的聚会定会是无比吵闹的，约瑟夫·约翰·汤姆森大喊着："它是粒子！"他儿子也扯着嗓子，回应道："它才不是呢！"画面感真是太强了。

26

住平房的妙处
没想到吧，住得越高老得越快

我没法儿和你聊时间——你的时间和我的时间是两码事。

——格雷厄姆·格林（Graham Greene）

你住在高楼里要比你住在平房里的时候老得快。因为爱因斯坦的引力定律告诉我们，引力越大的地方，时间流逝越慢。这就是著名的广义相对论。因为一楼比高楼层离地面更近，所受的引力也略微大一些，时间也会流逝得稍微变慢一点（所以想长寿就去住小平房吧）。[1]

然而，引力变强导致的时间延缓是细微的，所以想要测出时间究竟慢了多少，就需要借助十分灵敏的原子钟了。2012 年，美国国家标准与技术研究所的科学家们就成功地测量出，站在台阶上的人的确比站在台阶下的人老得快。测量方式是，将两个超级精确的原子钟分别放在台阶上和台阶下计时。[2]

那么，为什么在强引力条件下时间会减缓呢？这是因为1915年的时候，爱因斯坦的超级大脑发现引力其实并不存在。对的，你没看错，引力就是一种幻觉！要理解这个知识点，你可得跟着我动动脑子了。想象有一天你在一个火箭里醒来，火箭在虚无的空间里以 $1g$（大约为一个引力加速度）的加速度飞行。其实你没什么感觉，你的脚还是紧贴地面，你能随意走动就像还在地球一般。如果把火箭的窗户封上，你甚至不知道你在火箭里加速飞行。你会以为你在地面上哪个封闭的座舱里。你可能看不出这其中的玄妙，但爱因斯坦却借此揭示了一个惊人的事实：引力就是加速度。你也许认为，你脚底紧贴地面是因为有什么力把你牵引向地心，但事实上你只是在做加速运动，但你对此毫无觉察。

等等，这是怎么一回事呢？

让我们再次回到加速飞行的火箭里吧。这次，你要从火箭的左端，水平发射一束激光到右端。仔细观察一下，就会发现射在右端墙上的光点比左边发出的光点要更接近地面一些。因为，在光束从左边飞往右边的过程中，地面仍按 $1g$ 的加速度上升（接近光束）。当然，你感觉不到任何的加速度，你还以为你仍在地球上，感受到的也只是地球的引力呢。那么，这种情况下，你如何看待光束向地面弯曲这一事实呢？

众所周知，光在两点之间只走最短的距离。就像平原上行走的徒步者，两个地点之间最短的路径是直线。但是这对登山者而言则不尽然，他们认为两个地点之间最短的距离应该是曲折蜿蜒的（想象一只高飞的鸟儿俯瞰的景象）。由此可以推断，光束之所以在火箭加速运动时弯曲，是因为空间被扭曲了。把原本"平整"的空间扭曲成起伏的山丘。而火箭中的加速度其实与地球的引力效果相同，这就意味着是引力扭曲了空间。而事实上，爱因斯坦推导的理论是：引力本身就是扭曲的空间。

说得更精确一点，引力是扭曲的空间以及时间。早在 1905 年，爱因斯坦就发现，空间和时间是同一个事物的两个方面。我们无法察觉时间—空间的扭曲，因为它是四维的，而我们人类只是低等的三维生物。也只有爱因斯坦这样的天才才得以一窥事物的真相。

为什么我们的双脚紧贴地面呢？真正科学的回答是：因为地球的时空是扭曲的。想象地球处于时间—空间的谷底，我们都有加速下降到谷底的趋势，但我们下降的路被地表拦截了，它阻止了我们向下加速的趋势。这就是我们感受到的引力。

引力是扭曲的时间和空间。它不仅戏弄空间，让光束的路径弯曲。它也不放过时间，对其指手画脚发号施令。接下来，我就来讲讲（终于！）为什么引力会减慢时间。

首先，我们假设一个理想状态的"钟"。它由光束和两面镜子组成。光束在两面镜子之间往返。每当光跳到一面镜子上时，则计数一次，算作一次钟表的"嘀嗒"。如果这个钟是摆放在地球上的，那么两面镜子之间的光束不会是直线——现在大家都应该知道原因了吧，这是因为引力会使光束弯曲。

然后，再把这样两个钟分别放置到高低不同的两个位置上。低处的钟所受的引力比高处的更大，这是因为前者离地更近。这样一来，两面镜子间，低处的比高处的光束路径更加弯曲。因此，低处的钟发

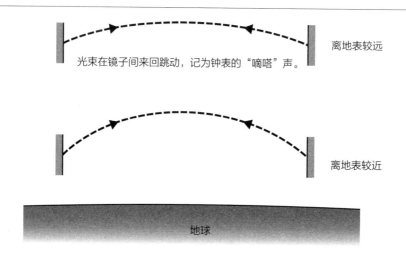

离地表较远

光束在镜子间来回跳动，记为钟表的"嘀嗒"声。

离地表较近

地球

试想一个钟，每当光跳到镜子上时就计一次"嘀嗒"声。离地表更近的地方引力更强，因此空间更为扭曲。光在镜子间所走的路程更长，时间也更长。综上，引力减慢时间。

出的"嘀嗒"声间隔时间更长。综上，低处的钟走得比高处的钟慢。换个说法，时间在强引力中走得更慢。

以上举例中，用的是广义上的钟表。如果引力对这个钟有影响，那么它对其他所有钟表都有相同效果。结论也会始终不变：引力会减慢时间。

说到这里，你可能会觉得这个知识点过于生僻，简直对日常生活毫无用处。这你就大错特错了。卫星导航和智能手机必须借助全球定位系统卫星来定位你的位置。全球定位系统卫星上都安装着时钟，沿着狭长的轨道绕地球运行。当人造卫星移动到离地球更近的轨道上时，受到的引力更强，因此它们自带的钟也会慢下来。如果你使用的电子设备不能自动补偿这种时间差，卫星就不能准确地定位你的实时位置。

事实上，我们大多数人的日常生活都不可避免地践行着爱因斯坦的广义相对论。假使相对论是错误的，那么全球定位系统给出的数据，每一天都会产生大约 50 米的误差。但全球定位系统应用 10 多年来，误差始终保持在 5 米以内。这也证明了广义相对论的正确性。[3]

引力小的地方，时间减慢程度小；引力大的地方，时间减慢程度大。就目前所知，引力最大的地方是黑洞。它是大质量恒星在生命末期时疯狂坍缩形成的无底深渊。如果你能去一趟黑洞游玩，在它视界（光和物质进入黑洞内的单向膜，自此任何光或物质都将被黑洞捕获无法逃脱）外侧徘徊，你的时间相对于宇宙其他地方将慢到极致。如果你往外看去，你将看见整个未来，像电影快进那样在你眼前闪现！

27

毁天灭地的蚊子炸弹
虽然我们从未意识到，但我们都有超能力

一万台发动机在一万个地方不停运转，为工厂和住家提供能源——这都得益于电磁学。

——理查德·范曼（Richard Feynman）[1]

一次公共演讲的时候，我拿了一个空的果酱罐子，把它高高举起。然后我问大家："今天我把我的宠物带来了，它是只蚊子，它叫泰瑞。你们看见它了吗？它很迷你的。"有的观众会真的走上前来查看，然后茫然地问我："里面真的有蚊子吗？"还有些人闲得慌，开始对泰瑞的生活进行人道主义关怀："你这罐子怎么没有气孔？里面的氧气够泰瑞呼吸吗？"

我会举着罐子，然后告诉大家，泰瑞和我们一样是原子构成的。

原子里有原子核，这是我们在学校就学习过的知识。它就像太阳一样在原子中央，而电子就像行星一样围绕着它。原子核带正电荷，而电子则带负电荷，相反电荷之间的引力作用将原子聚合成一个整体。

接下来我又问大家，如果我会魔法，能将泰瑞身体内所有电子都取出来，那么泰瑞就只剩下一堆带正电的原子核了。它们彼此之间互相排斥，就会产生爆炸。那么问题来了：如果泰瑞这么爆炸的话，能释放多大的能量呢？

A. 烟花棒

B. 炸药包

C. 氢弹

D. 灭世之威

只有很少一部分人选择了烟花棒或者炸药包，大多数人觉得这应该是一个别有用心的问题，所以鼓起勇气选择了氢弹。然而，答案应该是 D. 灭世之威。泰瑞这么一爆炸，简直毁天灭地，其破坏力相当于 6600 万年前撞击地球、造成恐龙灭绝的那颗一座城市般大小的星体。

我举这个例子就是想让你们明白，能将电子和原子束缚在一起的电磁力有多么惊人。引力看上去很强，你使出全力恐怕也只能跳出离地高出一米左右。然而电磁力却更强，它不止比引力强十倍、百倍，甚至不止强百万倍，而是强了 100 亿亿亿亿亿倍！[2] 吓你一跳吧。

那么，为什么每次你和路人擦肩而过的时候，你俩都没能发觉对方身上如此巨大的能量呢？呃，你先想想引力。只要是引力相关的作用力，你只用考虑一件事：提供引力的物体是什么？然而在电磁力关系中，你需要考虑两件事：什么提供吸引力？什么提供排斥力？我们通常称呼它们为：正电荷以及负电荷。而日常生活中，所有普通的物质都是由等量的正电荷以及负电荷构成的。也就是说，物体内吸引力和排斥力处于完美平衡的状态。所以日常生活中，这无比强大的电磁力都恰好被中和掉了。

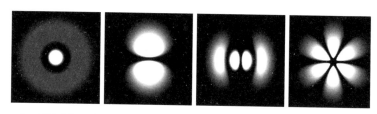

虽然我们通常将原子构造简单地理解为小型太阳系。但事实上，原子结构更为奇怪复杂。拿氢原子里的电子举例，根据电子自身能量，依照概率云分布，按概率出现（图中越亮的地方，说明电子出现的概率越高）。

这也是为什么，虽然大自然一直在向我们暗示着电磁力的存在，但直到近代，才有人真正发现这一威力巨大的力。比如说，暴风中强劲的上升气流将电荷分离而产生了闪电。其实，科学家们仍旧没有彻底弄清楚闪电的具体机制原理。反正事实就是，由于云和地表之间电荷分离情况十分严重，分离的电荷产生的力将空气中的原子都撕裂了，并向地面释放电子，这才使天地间电荷再次达到平衡。

在 19 世纪，我们学会了如何人工使电荷变得不平衡，进而释放这种威力巨大的电磁力。简单地说，电荷不平衡事实上就是人力发电的基础原理。也正是电力的普及，人类才进入了现代社会。

那为什么说电磁力比引力强大 10^{40} 倍呢？这个问题的答案可是价值 6.4 万美元呢。我们目前知道共有四个基本力将粒子束缚在一起，同时我们也十分怀疑其实这四种力只是一种超级力的不同表征。然而我们并不能找到一个理论，或者说一个公式，能够同时表达这些威力上相差甚远的力。为什么电磁力和引力之间威力相差巨大？这仍是物理学上一个悬而未决的问题。物理学家们站在人类科学的最前端，望向一片未知的迷雾。

28

未知
大多事务都无法用电脑计算

电脑没啥用处，它就只能提供答案。

——巴勃罗·毕加索（Pablo Picasso）

　　微波炉就只能是微波炉，它永远也不能成为吸尘器、面包机或是核反应堆。但电脑则不然，它可以是处理终端，也可以是游戏机或是智能手机，电脑能胜任的职位那是数不胜数：它能够模拟一切机械。

　　那么电脑能力的极限在哪里呢？艾伦·图灵早就坐不住了，要举手发言。他是著名的英国数学家，因为破解了纳粹的"恩尼格码"密码体系而名噪一时，甚至连第二次世界大战都因此提前了几年结束。20世纪30年代，早在第一台电脑问世之前，图灵就已经提出疑问："电脑的极限在何处？"他自己给出的答案让人匪夷所思。

电脑的基本运行原理是处理数学符号。我们输入一些数据（比如飞机的高度、速度等），电脑则会输出一些数据（比如飞机将耗费的油量、副翼角度应该变化的角度等）。电脑根据内置的设定，将输入的数据转化为输出的数据。而内置程序是可以无限重写的，因此电脑可以模拟任何机械，这也是电脑千变万化、多才多艺的原因[1]。

图灵曾在草稿纸上构想了一个概念机，它能根据内置程序转换数据。在这个概念机里，世间万物包括数字和指令都可以用二进制数字表达，因此机器的程序就是写在纸带上的一串 0 和 1。机器包含一个可读可写的机器指针，一次可以改变一个数值。它的具体工作原理并不重要，重要的是你要知道我们可以用二进制密码对它下达指令，让它模拟其他机器。

在这个图纸上的概念机之前，没有任何其他机器有如此能耐，于是图灵就叫它万能机。我们现在都称它为"图灵机"。图灵机虽然看上去和我们今天的电脑完全不同，但它的运行机制和电脑一模一样。图灵机就是一台极简的电脑，是各种电脑运算的基础模型。

讽刺的是，图灵构思出这么一个机器并不是为了知道它能干些什么，而是为了寻找它不能做到的事务。图灵是个数学家，他的兴趣点在于找到一台无所不能的机器。

概念机设计出来没多久，图灵就找到了它无法处理的问题。事实上一开始他就发现，不论一个电脑多么强大，它都没办法完成一件无比简单的任务。这个任务是这样的：如果给电脑一个程序，它是否能够分辨这个程序是个死循环呢？也就是说，电脑会像轮子里疯狂奔跑的仓鼠一般，忠诚地一次又一次执行相同的指令，还是会发现情况不对，立即停止程序运行呢？

如果只是漫不经心地一瞥，你会认为图灵说的这个任务就是小菜一碟。因为很明显啊，想要知道程序会无限死循环下去还是停止，只要运行一下这个程序便能知晓。但问题是，一个程序可能在运行一年之后、一个世纪后，甚至10亿年后才会开始死循环。你应该有些明白这个问题的棘手之处了。事实上，要知道一个程序是否最终会停止，只能在运行该程序之前就对结果了然于胸。那么，电脑能胜任此项任务吗？图灵认为，它不行！

1936年，图灵经过绝妙的逻辑运算推导出，任何电脑都无法判断一个程序是不是死循环。这就是电脑的死穴，所有电脑都对此束手无策，这就是所谓的"不可计算"。[2]

事实上，不论你的电脑是如何先进，要找到一件它做不到的事情真是易如反掌。看来，电脑世界也不是那么无所不能。我们发现电脑不能胜任的事情简直是太多了，相比而言，电脑能做的事情就显得寥寥无几，就像是漂浮在茫茫无能之海上的零星几座岛屿而已。

幸运的是，我们使用电脑的初衷并不是检验程序是不是个死循环。我们可以在其他领域使用电脑：工作制表、操纵手机、控制飞机等等。图灵发现的电脑能力极限并没有阻拦电脑的发展。虽然电脑最初只是一位数学家脑中纯粹的数学领域臆想，现如今它已然成为广泛使用的电子设备。

值得一提的是，图灵推理出的电脑功能缺陷，与在那五年前奥地利逻辑专家库尔特·哥德尔得出的数学理论之间关联甚密。

数学领域的所有分支，其实都遵循一个简单的道理。数学来源于一系列不证自明的事实或公理，再由数学家加以逻辑处理。1900年，德国数学家大卫·希尔伯特（David Hilbert）指出，在公理中用逻辑提炼出数学定理的过程本质上是一个机械过程。这并不需要数学家的直觉或是天分。理论上讲，所有数学知识都能通过对那几个公理野蛮强硬地逻辑计算得到。希尔伯特在描述这种数学推理行为时，就像是在描述电脑的工作流程。虽然他那时候根本连电脑的影子都没见过呢。

在之后的 1931 年，哥德尔站出来反对希尔伯特的理念。他说，这世上有一些数学定理是不能被证明真假的。它们是不可判定的。我说得形象一点让你理解一下。公理是所有数学定理的基石，数学定理就像飘浮在空中的气球。那么，逻辑推导就是一根线，连接气球和基石。但是，总有一些不要线自己高飞的气球，我们就无从下手找到它和基石之间的联系。当然，你可能会觉得，是不是多增添几个作为基石的公理就能解决问题。但这样只会增加更多找不到源头的气球。

哥德尔的不可判定定律（广泛称之为哥德尔不完全性定理），是数学史上赫赫有名、同时又让人瞠目结舌的定律。该定律发表时，很多数学家都因此感到绝望，甚至放弃了自己的职业生涯。不过也不能责怪这些可怜的数学家，就像电脑不能计算大多数问题一样，数学家也不能判定大多数数学定律的真假。能够被证明真假的定律，不过是漂浮在茫茫不完全性定理之海上的零星几座岛屿而已。

但事实也并没有那么悲观。就像电脑的主要工作并不是检验程序是不是死循环一样，数学家们发现的定律，大多都不是哥德尔理论中那些不能被证明的定律。这么一看，数学家的工作还是很有意义的。

数学家的难题在于：必须想办法在浩瀚的不完全性定理之海中，找到可证明的定律。而且，这些海洋中零星的几座岛屿之间并无逻辑联系，不能靠一座已知的岛屿，经过逻辑定位发现另一座。人类能不断发现新的数学定律，所以人们认为：人类大脑比电脑强大，能做到电脑无法做到的事情。

29

两个世界

原子可以同时出现在两个地方——就像你能同时出现在伦敦和纽约一样神奇

宇宙并不像我们想象中那样奇怪,它比我们所能想象到的更奇怪。

——J.B.S. 霍尔丹（J.B.S. Haldane）

20 世纪初期,科学家发现原子世界和日常世界简直天差地别。我们现在读这句话,似乎觉得理所当然。要知道,多达 1000 万个原子挨在一起,排成一排坐好,其长度也许只与这句话的长度相当。我们总不能勉强这么小的微粒去跟桌子、椅子还有人类遵守同样的规律吧?

物理学家发现微观世界表征不仅仅是奇特而已,它们简直是疯狂到难以置信的地步。"我记得当时我们讨论了好几小时,一直到深夜。

我们都感到绝望。"德国物理学家沃纳·海森堡回忆道,"讨论结束后,我一个人去公园散步,边走边问自己:难道大自然真的如同我们在原子实验中看到的那样荒唐?"

现在我们知道了,物质的基本构成单位——原子、电子以及质子都有一种奇特的双重特性。它们既能表现得像个粒子——像迷你台球那样;也能表现得像一段波——如同池塘里的涟漪。这些微粒和我们日常生活中看到的事物完全不一样。如果你对它们的世界感到困惑不解,无须怀疑自己的智商,因为没有人懂。

量子波是十分怪异的波,它不是水波那样普通意义上的物理波。量子波依照薛定谔方程在空间中传播,是一种抽象的数学波。在量子波大的地方(也就是概率幅大。量子波的概率幅会根据情况增大或减小),粒子出现的概率大;反之,则粒子出现的概率小。[1]

组成物质的基本粒子表现出波粒二象性,它们有波的一切特性。因为波可以拐弯绕过角落,我们才能听见一条街外汽车熄火的响声。然而,有一种波的现象在宏观世界里毫不起眼,在微观世界中却能导致颠覆性的后果。

想象海中有一场风暴,巨浪滔天。第二天,风暴过后风平浪静,平静的海面只有微微涟漪。如果有人见过这种自然现象,就会知道,这两种波是可以同时出现的:滔天巨浪的表面会有点点涟漪。事实上,这就是波的普遍特性:如果水波能够两两或是多个叠加,那么量子波也应该具有相同特性。

但是,这种波的叠加在微观世界里却会导致奇特的后果。想象一个代表某个氧原子的量子波出现在房间左侧,概率幅很大,大到几乎可以 100% 在那找到这颗氧原子。然后,再想象房间右侧也出现一个量子波，仍是代表同样一颗氧原子的。其概率幅也相当大，几乎100%能在右边找到那颗氧原子。因为两个波都可能出现，因此两个波叠加在一起的情况也可能出现。但这意味着，同一个氧原子同时出现在房间的左边和右边———一个原子同时出现在两个地方。

虽然自然界允许基本粒子的波以这种奇特的方式存在，但是我们从来不能真正观测到这种情况，大自然也真是矛盾。如果我们观察那颗氧原子出现在房间的一侧，那么叠加态里代表同一氧原子位于另一侧的量子波就会在那一瞬间消失，或者叫量子态坍塌。坍塌的方式我们还未能完全明白。简单来说，如果科学家在实验室中确定微粒作为一颗粒子具体存在的位置时，该粒子就会立刻掩盖住自己波属性的一面。

自然赋予原子同时出现在两个地方的能力，但是我们永远无法观测到这个现象，所以我们就不用管它了？嗯……事实上，并不是如此。因为这种能力会产生一些效应———这些效应导致了量子世界里各种稀奇古怪的现象，并且也事实上构成了我们生存的世界。

波还有一种特性，叫作干涉。大家应该都见过落入池塘里的雨滴吧。每滴雨滴都能造成一圈圈的同心圆波，向外扩散并相互叠加。当波峰相互叠加时，波就会变强；波峰与波谷相互叠加时，波就会相互抵消。如果你在波叠加的地方垂直插入笔直的隔板，你就能观察到增强波与波相互抵消后的平静水面相互交替存在。1801年，英国物理学家托马斯·杨做了同样的实验，不过他测试的是光。他设置两个光源相互叠加，然后插入一面白色的屏幕。当他看向屏幕时，惊奇地发现黑白交替的横条，就像现在超市里录入商品信息的黑白条码一样。这就证明了光有波的特性，光波也有干涉现象，因此光就是一种波。光波的干涉现象可一点都不明显。因为光波的波长（相邻两个波峰之间的距离）十分短，只有大概千分之一毫米，单靠肉眼根本无法辨识。

那么，对于能够同时出现在两个地方的一个原子来讲，干涉会产生怎样的结果呢？

想象同时滚动保龄球，两个球会弹开对方，向两个相反方向弹出。[2] 再在脑海中勾画一个钟面，那么两个球可能顺着一点钟和七点

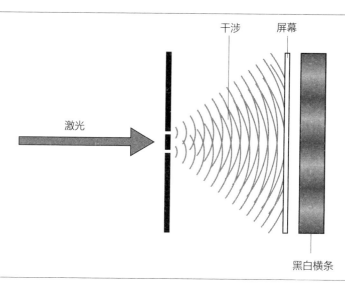

干涉　　　屏幕

激光

黑白横条

在光波干涉中，两个光源在叠加处相互增强或抵消。这种现象在量子世界创造我们生活的宏观世界里扮演着重要角色。

钟方向弹出，或者是九点钟和三点钟方向。如果你让这两个球碰撞数千次，你总能让球的轨迹遍布钟上所有数字。

但是，如果让两个微观粒子，比如说两个原子或两个电子在钟面

上相撞几千次，结果则让人匪夷所思。微粒从来不会弹向钟面上某些方向，而在另一些方向上却重复出现。这是由于微粒有波的特性。在一些方向上，两个微粒波互相增强，而在另一方向上，两个波相互抵消。前者就是弹回的微粒经常出现的方向，而我们却看不见后者方向上弹回的微粒。

1927 年，物理学家克林顿·戴维森（Clinton Davisson）、雷斯特·革末（Lester Germer）在美国，乔治·汤姆森在苏格兰分别完成了以上实验。实验中，他们采用晶体将电子反弹（和上文描述的实验原理一致）。他们发现，反弹回来的电子经常出现在某些方向上，而从不出现在其他一些方向上。这个实验证明了电子也有波的特性。汤姆森和戴维森也因此荣获 1937 年诺贝尔物理学奖。

即使是简单的微粒相撞中，量子波的干涉都会产生怪异的结果，和我们的宏观世界大相径庭。

说了这么多，你可能会认为这样的实验似乎离我们十分遥远。那么，量子波到底在我们实际生活中起到何种作用呢？事实上，量子波定义了组成我们的基本粒子——原子。

如同我在第 25 章中写的那样，如果按照电磁学原理（19 世纪物理学界的最具代表性的发现），绕着原子核旋转的电子会不断像个小型无线电发射器一样发出电磁波。这样一来，电子会不断失去能量，最终以螺旋转圈的方式飞向原子核内。整个过程只要一亿分之一秒，原子也将不复存在。

量子理论能回答这一难题。因为电子本身就是一种扩散的波，所以它并不会失去能量而坠入原子核。但是，物理学上从来都不会只从一个角度看问题。原子内的电子可能以任何路径在原子核外徘徊。它可能围着原子核画圆圈，还可能走个正方形出来，也会做个长途旅行，飞去最近的恒星附近逛一逛再回到原子核周围。电子的路径有无数种可能，每种路径都伴随着一个量子波。从某种意义上来说，电子的这些行为在瞬间就能完成，就像它可以同时出现在两个地方一样神秘。

然而，接下来要说的才神奇。如果电子中无限个路径的无限个量子波相互叠加，它们就会全部在靠近原子核的地方相互抵消。也就是说，电子不可能出现在离原子核很近的地方，也就不会掉落至原子核造成原子坍塌。

原子之所以存在，你之所以存在，就是因为电子能在同一时刻出现在很多不同的地方，做各种不同的事情。正是因为量子世界的怪异，我们的世界才得以存在。

30

不走寻常路的液体

世上有种液体永不结冰，还能往高处流呢

高中接触化学的第一天，你可能就抱怨过：学习元素周期表真是浪费时间。从某种意义上讲的确如此。宇宙中 10 个原子 9 个都是氢原子，氢原子是元素周期表上第一位，也是组成恒星的主要成分，余下 10% 的原子是氦原子。

——山姆·基恩（Sam Kean）

毫无疑问，人类所知的元素中，最为怪异的就是氦原子。人吸入氦气后，声音会变得又尖又细。给各种气球充气的时候，我们也用得到氦气。而且，液化氦永远不会结冰，也是唯一一种会向上流动的液体。

氦是宇宙中第二常见的元素，每 10 个原子里就有 1 个是氦原子。但奇怪的是，直到 100 多年前，人们才开始逐渐了解这一元素。

不过，一直以来我们都忽略掉氦元素也是有原因的，因为它是惰性气体（难以参与化学反应），而且质量非常小。惰性气体的特征就是，几乎不与其他元素化合。再加上，氦气质量小就意味着它一进入空气就扶摇直上到太空中去了。因此，人类首次发现氦气就是在太空中。

氦是唯一一个先在太阳上发现，而后才在地球上发现的元素。该元素是由诺曼·洛克耶（Norman Lockyer）发现的。洛克耶写的第一本书是关于圣安德鲁斯高尔夫规则的。他还创建了伦敦科学博物馆，创立了国际科学刊物《自然》并担任首任主编长达 50 年之久。1868 年 10 月 20 日，洛克耶透过他那 6 英寸望远镜观察太阳，并且用分光镜分析太阳光。他发现太阳日珥（太阳表面抛射出的环状火舌）的光

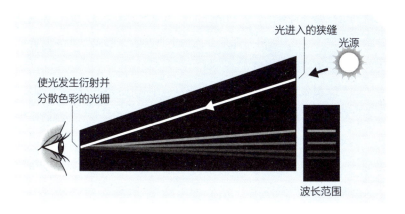

当阳光分解成各有色光（各波长不同的光）时，发现了一条神奇的光谱线，后来才知道这是氦元素造成的。

125

谱上有一条神奇的黄色带。

同年，身处印度的法国天文学家皮埃尔·朱尔·塞萨尔·让森也观测到相同情况。于是，让森和洛克耶都各自行动起来，找来不同的物质在实验室加热，想要得到相同的光谱线，但都以失败告终。1870年，洛克耶在无数次失败中做了一个大胆的推测：这条古怪的光谱线可能来自一种未知的元素。但这一推断引来众人讽刺，一直到多年后真相大白之时，那些批评家才羞愧地闭上了嘴。

苏格兰化学家威廉·拉姆齐（William Ramsay）在地球上真正找到了氦元素，从而证明洛克耶猜测的正确性。他也是唯一一个发现周期表上一整族元素的人。1895年，在测量由钇铀矿释放出的气体光谱时，拉姆齐发现了一条神秘的黄色线。由于身边没有称手的分光镜，拉姆齐便将气体样本寄给了洛克耶和威廉·克鲁克斯。克鲁克斯是位物理学家，以擅长使用阴极射线管进行实验而闻名，他也相信各种传心术之类的心灵感应。克鲁克斯行动力很强，不到一周的时间，他就确定拉姆齐寄来的气体和洛克耶当初观测太阳时发现的气体成分一致。时隔27年，当洛克耶从分光镜中再次看到那道"迷人的黄色光芒"时，更是喜不自禁。

如今，氦气应用于弧焊设备、核反应堆气体冷却以及激光领域。深潜员在进行"超越极限"潜水时，也会吸入氧氦混合气体预防减压病。氦元素更是作为终极冷却剂而闻名于世。氦的沸点比任何物质都要低——仅比绝对零度高4.2开尔文——因此，液态氦可以用于冷却天文探测器和超导磁体。[1]

事实上，液氦几乎是科学界内最为怪异的已知物质。当液氦温度降至2.18开尔文以下时，它就会成为超流体。超流体流动时没有摩擦力，而且甚至能向上流动。

理解超流体（量子液体）物理特性的关键在于超流体内所有原子都是统一行动的，也就是相互关联的。某种意义上，超流体就像一个超级大原子。普通流体流过一个平面时，流体内一些原子会撞向平面，因此消耗能量。这种摩擦力，即流体黏性会使流体整体速度减慢。但超流体面临的情况则完全不同。因为超流体中所有原子都团结一致、一起行动，不可能有哪些原子独自撞向平面。因此，超流体流动时，并不受任何摩擦力的影响，其自身黏性也为零。

表面摩擦力微小到只需要很微弱的推力（比如温度、压力改变）就能让超流体流动起来。加上液氦本身质量也很小，因此只要极小一点推力，液氦就能克服引力向上奔流。

液氦也是唯一一种不会凝固的液体。当液体内原子移动速度变慢至固态晶体时，液体就会结冰。即使在绝对零度时，量子不确定性也会让氦原子处于躁动的状态，它才不会乖乖待在固态晶体里呢，嗯，至少在正常大气压下是这样的。总而言之，地狱之火都会比液氦先结冰。[2]

31

回到过去

在邈远的未来，时间或许会回溯

时间将倒转，重回黄金时代。

——约翰·弥尔顿（John Milton），《基督诞生的早晨》

时间会倒流吗？要回答这个问题，首先你得知道时间为何会向前走。不过这第二个问题也不见得容易回答。难点在于，宇宙中指点江山的基本物理法则并没有倾向于哪个时间方向。举个例子，一个原子既可以释放出一个光子，也能吸收一个光子。也就是说，如果你看一部关于原子活动的电影，你并不能知道它是顺着播放还是倒着播放的。不管是光子进入原子，还是光子从原子出来，我们都会认为是合理的。

这和我们日常生活的经验可是大相径庭的。再举个例子，给你看几组照片：一幢崭新的城堡和一幢破败的城堡；一颗完好的鸡蛋和一颗打碎的鸡蛋；某个人小时候的模样和长大成人后的模样。你一定能轻松地分辨出每组照片的时间线，指出哪张早拍哪张晚拍。这简直易如反掌，毕竟又有谁在生活中见过城堡从破败变为崭新；破碎的鸡蛋恢复完好；一个人又返老还童呢？

那么问题来了，为什么对原子来说时间没可正可逆，但是对原子集合体——城堡、鸡蛋或人而言，时间却是不可逆的呢？这个问题的知识点涉及有序与混乱的定义。以上列举的日常事物变化，都有一个相同点就是：从有序变为混乱。破败的城堡比崭新的城堡要混乱得多，这是显而易见的。归根到底，正是因为事物从有序变为混乱才使得时间有了方向，我们的观念中才出现了时间箭头这一明确的概念。

那为什么事物（由大量原子构成）总是趋向于从无序变为混乱呢？这其实是一个概率问题。想象一枚鸡蛋：最初状态为完好，再将它打碎。鸡蛋完好只是一种状态，但破碎的鸡蛋却有无数种状态。说得明白一点，鸡蛋可能碎成两块或三块或四块，等等。就算这个鸡蛋碎成四块，也可能是一块小、三块大，也可能是两块小、两块大。这下你懂了吧。

咱们再接着讲，如果鸡蛋处于任何一种状态的概率都是相等的，那么鸡蛋的最终状态几乎一定是破碎的——因为完好只是千万种状态中的一种特定状态，剩下的千万种可能的状态都是破碎。

正因如此，时间才有了箭头：因为，对任何由大量微粒构成的物体而言，有序的状态一定比混乱的状态少。因此，事物总是有很强的不断增大自身无序程度的趋势。这就是物理学科的基石之一——热力学第二定律——所描述的道理。正如第 14 章中讲过的，物理学家们习惯用熵来描述事物的混乱度，他们总是说，熵是永远无法减少的。

当然，事物想要变得混乱，那它首先应该是有序的。如果你喜欢刨根问底，那咱们就追溯到宇宙初始那会儿吧。宇宙本身就是从有序中开始的，不过，物理学家们可是十分不喜欢这个事实。因为，有序的状态就等同于"特殊"状态。对物理学家而言，任何用"特殊"来解释物理现象的时候，都像是在求神问佛、听天由命。然而，事实证明，我们宇宙的孵化园——大爆炸——的确是处于高度有序的状态。

所以，时间为什么向前走？终极答案便是：因为宇宙从有序中来，有不断变得更加无序的趋势。那么，宇宙有可能大坍缩吗？"宇宙大坍缩"就像"宇宙大爆炸"的镜像一般，世间万物、宇宙洪荒都将坍塌成最初那个质量极大的一个点。宇宙的终点可能是一种如大爆炸那样的有序状态。而坍缩的过程便是向着有序状态前行。在大坍缩中，时间不可避免地会倒着走；发现过的星星，将变得陌生；世间生灵将返老还童……

那么，到底宇宙大坍缩的可能性有多大呢？科学家认为，目前宇宙因受到138.2亿年前宇宙大爆炸余波的影响，正处于膨胀阶段。因为，科学家通过望远镜，观测到各星系都在远离彼此。天文学家曾相信，如果宇宙质量足够大，那么总有一天，宇宙本身的万有引力将减缓，最终停止膨胀，继而宇宙便开始坍缩。认知的转折出现在1998年，科学家们发现了暗能量。我们看不见它，但它充斥着整个宇宙，它带有负引力并导致宇宙加速膨胀（想了解更多暗能量知识，请阅读本书第45章）。乍一看去，似乎可以认为宇宙不太可能大坍缩了。然而，科学家们观测发现，其实暗能量在没多久前（相对宇宙历史而

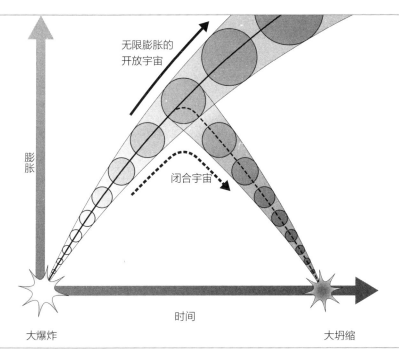

无限膨胀的
开放宇宙

膨
胀

闭合宇宙

时间

大爆炸

大坍缩

临界密度：如果宇宙质量小于一定值，宇宙将无限膨胀下去。如果质量大于
一定值，万有引力将最终大到足以抵抗膨胀并使宇宙坍缩，就像形成宇宙的
大爆炸的镜像一样。

言）才开始掌握宇宙控制权。我们对于暗能量的"起义"原因一无所
知，也许它哪天又败下阵来呢。所以，我们的宇宙仍可能会在大坍缩
中重回到有序状态。

回味一下这章的知识点，突然想到一件非常有趣的事情。在坍缩
的宇宙中，时间会倒流，那么所有可以感知世界的智慧生物的思想也
会倒流。好像有点难理解，我详细讲解一下。首先思考一个问题，如

果你倒着感知一个倒退的宇宙，你会感知到怎样的世界呢？一碗不是不烫的汤就是一碗很烫的汤，同样的道理，如果你倒着感知一个倒退的宇宙，你仍然会觉得宇宙还是正序向前的。这就很有趣了，虽然我们现在认为宇宙正在膨胀，但也有可能我们正处于大坍缩的宇宙中呢！这么一想，好像又觉得有点害怕呢！

32

这是谁安排的
大自然备份了组成万物的基本粒子，一式三份

拉玛人做什么事情都是三位一体。

——阿瑟·C.克拉克（Arthur C. Clarke）[1]

  乐高游戏的迷人之处在于，你能用有限的小方块拼出多种变换的事物。那么，如果说乐高公司突然宣布要做另一套乐高积木，和现在的模样一致，但是要大上 100 倍；而后还要做一套比现在大 1000 倍的乐高方块。你怎么看？你会觉得，乐高公司怕不是疯了吧。但是，大自然却就是这么操作的。大自然有三套组成万物的基本粒子。

  正常物质是由四种基本粒子组成的：两种轻子以及两种夸克。两种轻子分别为电子和电子中微子。你一定很熟悉电子吧，就是在原子里绕圈的那个。但中微子听上去也许比较陌生，可能是因为它真的不

善交际吧。太阳核心核反应产生阳光的同时也产生了大量的中微子，但中微子与一般物质之间几乎不产生任何反应。它能轻松地在地球上穿梭，就如阳光照进玻璃窗那样自如。[2]

与两种轻子结合组成正常物质的两种夸克为：上夸克以及下夸克。夸克们三个一组地凑在一起组成了质子或中子，而它们就是原子核的原材料。质子是由两个上夸克一个下夸克组成的，而中子是由两个下夸克和一个上夸克组成的。20 世纪 60 年代晚期至 70 年代初期，粒子物理学家用高速电子撞击质子时发现了夸克。质子被撞击后弹飞的状态，就像是有三粒一体模样的东西从里面弹射出来一般。

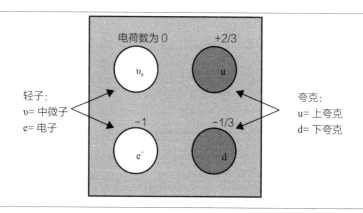

这四种基本粒子，遵守四大基本力规则，结合组成千姿百态、变化万千的宏观世界。

但奇怪的是，我们并不能把一个夸克单独从质子或中子里分离出来形成自由夸克。这是因为，将夸克们束缚在一起的强核力特性十分古怪。强核力不仅力量大，而且还会随着夸克间距离的增大而增大。夸克间就像橡皮筋一样，拉得越远束缚力越强。根据能量守恒定律，在夸克分离之前，用于分离的力早就转化为新粒子的质能了。[3] 而且，根据粒子物理学定律，这种操作还会导致夸克—反夸克成对出现。科学家们试图通过实验将夸克单独分离出来，结果却产生了更多夸克。

宇宙中几乎所有事物都是由四大基本粒子（电子、中微子、上夸克、下夸克）组成的，这一发现的确是科学史上的伟大成就。但是，世界之大总有例外。就如前文提到的一样，没有人知道这是为什么，但是大自然备份了它的基本粒子，一式三份。所以，宇宙中不止一份四件套基本粒子，而是有三份四件套基本粒子。每一份的基本粒子本质上是一样的，就是一份比一份的质量更重。为了区分不同，我们就叫它们为第一代、第二代和第三代吧。第一代基本粒子包含：电子、电子中微子、上夸克、下夸克。第二代基本粒子要比第一代重，包括：μ子、μ子中微子、奇异夸克和粲夸克。第三代基本粒子要更重一点，包括：τ子、τ子中微子、底夸克和顶夸克。

奇怪的是，第二代和第三代基本粒子在我们日常生活中简直无迹可寻。因为，想要它们登场那可是需要极大的能量呢。所以，只有在大爆炸那会儿，宇宙形成之初的那一瞬间，才能看见这些粒子的踪影。1936年，美国物理学家拉比（I.I.Rabi）发现μ子（质量更大的电子）时，有一句经典吐槽："谁安排了这么个玩意儿？"这句吐槽也同样适用于其他备份的基本粒子。

那么下一个问题就是，除去先前说的三份四件套基础粒子以外，还有别的基础粒子吗？这个问题答案的线索是在宇宙科学而不是粒子物理学中找到的，没想到吧。在宇宙形成初始的一分钟到十分钟内，大爆炸的火焰足够热，其密度也足够大，因此质子（氢原子核）和中子能够相互融合，从而形成元素周期表的第二个元素——氦。

这些最初形成的氦元素中有很大一部分都存活至今，整个宇宙中到处都是它们的身影。氦元素占所有原子数量的10%。[4]然而，假使中微子的备份不止先前说的三代，那么它们将加速大爆炸的膨胀，增加氦元素的合成，导致的结果将是：如今宇宙中的氦元素含量应该比真实情况更高。根据计算，只有当中微子仅有三代或是四代时，才会使如今宇宙中氦元素的含量保持在10%左右。也就是说，或许基本粒子还有个第四代吧，这一代的质量比先前说的三代都更重。但目前还没有任何第四代的踪迹，而且大多数物理学家并不认为会有第四代基本粒子。[5]

为什么大自然要将基本粒子备份成一式三份呢？这个问题仍旧是物理学上最神秘的问题。但毋庸置疑的是，普通夸克和轻子的这些体重超标的兄弟姐妹，一定在创世之初扮演了一些至关重要的角色。希望未来有一天，当物理学家们成功找到那个传说中的"万物理论"，能够明确地统一并且定义所有基本粒子以及作用于微粒的各种力时，我们就能知道这些粒子到底扮演着怎样的角色了。

33

美妙的弦
也许宇宙至少有十个维度

我们需要多维空间。人们一开始可能不太喜欢多维，但它的确十分有用。只有在多维条件下，弦理论才能描述各种基本粒子，基本粒子间各种作用力以及引力。

——爱德华·威滕（Edward Witten）

.

艾萨克·牛顿是第一个发现宇宙万物的本质其实就是粒子和粒子之间的作用力的人。我们现在知道共有四种基本粒子，物质的引力和电磁力极为相似。电磁力将我们体内的各原子束缚在一起，也是电力文明的基础。1915 年，阿尔伯特·爱因斯坦发现这些力中有一个力很出人意料。我们在前面的章节里已经讲解过，引力其实并不存在。

但对牛顿而言，太阳与地球之间的引力却像一条看不见的锁链，把地球拴住了再也逃不开太阳的束缚。爱因斯坦站出来提出异议。他认为质量如此大的太阳将它周围的时空都扭曲了，于是时空就成了以太阳为中心下陷的一个山谷，而地球就在山坡上某个高于太阳的位置绕圈转。[1]

爱因斯坦认为，引力说穿了就是一个我们自己制造出来的说法。引入引力，我们才能描述我们在四维空间的运动轨迹。因为我们是三维生物，根本无法感知四维空间。这种看待引力的方式在 20 世纪20 年代，让两位物理学家西奥多·卡鲁扎（Theodor Kaluza）和奥斯卡·克莱因（Oskar Klein）很是着迷。他们不在一起工作，但他们都受到爱因斯坦的引力理论启发，开始思考电磁力（除引力外，当时唯一知道的基础力）可能也是更高维空间扭曲在三维世界的表现。这种说法的确有些道理，卡鲁扎和克莱因都成功地解释了引力和电磁力都是五维时空扭曲所导致产生的。

卡鲁扎和克莱因坚持认为，我们之所以看不见实在的五维时空，是因为多维空间是卷曲成比原子还小的存在。然而，不久后他们的理论就被束之高阁了。因为科学家们研究原子核时发现了另外两种基本力：强核力以及弱核力。它们作用范围非常之短，是一种短程力。

半个世纪后，物理学界对强力的多方面研究无一不展示着一个结论：组成万物的基本粒子——六种夸克和六种轻子——是由四种基本力黏合在一起的，而这些基本粒子可能并不像迷你版的台球那样是个圆球体，它们可能是一条带着质能的一维弦状物。弦理论认为，这些弦的不同震动产生了不同的基础粒子：缓慢而低能量的震动对应着轻的粒子；而快速高能量的震动则代表重的粒子。你可以想象一下小提琴弦的震动。根据弦理论的终极分析得出，物理学其实就是一种音乐。

就如基本粒子是由弦的不同震动产生的一样，那么传递作用力的微粒应该也是由弦震动产生的。量子理论成功地解释了原子及其组成成分。量子物理认为，基础力就是通过交换携带作用力的粒子而产生的。比如在电磁力作用中，携带作用力的媒介就是光子。[2] 多维空间的设想又一次浮现，但这一次与卡鲁扎和克莱因提出的设想不太一样。为了描述四种基础力，需要引入十维空间的概念。换句话说，卡鲁扎和克莱因两人认为宇宙的维数应该是五维，比我们熟知的四维时空维度多一维，但是实际上应该多足足六维才能解释清楚这四种基础力。因为我们从未观察到任何多维空间，所以弦理论学家们认为多维空间是紧缩的，或者说多维空间卷缩得比原子还要小。

虽然我们从没见过这多出来的六维空间，但是也许你会发现自己理解起来也没多大困难，那么你再想想先前说的弦。弦微小到了匪夷所思的地步，比氢原子都还要小上一万亿倍，它根本不可能被人观测到。也就是说，我们不能寄希望于通过找到它，进而直接肯定或否定弦理论。

所以事实就是，虽然很明显我们是生活在四维空间里的（还记得爱因斯坦说的吗？引力是四维空间的表象），但是我们无法观测到弦，而且弦理论还认为我们应该是生活在十维空间里。你是不是会感到疑惑，既然弦理论如此让人毫无头绪，那为什么科学家还是对它这般着迷？这就要说一说 20 世纪物理学界两个最为伟大的成就了——一个是爱因斯坦的万有引力定律，也就是人们熟知的广义相对论；另一个就是量子理论。前者描述了宏观世界（宇宙）的运行规律；后者是微观世界（原子以及其构成）世界的运行规则。然而，在遥远的宇宙大爆炸之初，现在的宏观宇宙世界在那时还是微观世界——那时的宇宙比原子还小。所以，要理解宇宙的起源，我们就需要一个通用理论，一个能同时适用于宏观以及微观世界的理论。科学发展至今日，弦理论仍是唯一一个能统一宏观和微观世界的理论。我们假设万有引力有个量子级的搬运工，叫作引力子，引力子正是一种以特定方式震动的弦（准确地说是一个封闭的圈环）。因此，虽然弦理论是描述基本量子世界的理论，但是包含万有引力定律（宏观世界法则）。

34

虚幻的现在

在描述世界本质时，我们认知中的过去、现在和未来都不存在

他比我先一步离开这个怪异的世界。但这又有什么关系呢？像我们这样忠于物理的人，都明白人们口中的过去、现在、未来不过是固执的虚妄而已。

——阿尔伯特·爱因斯坦（Albert Einstein）[1]

　　爱因斯坦的相对论是用来描述世界运动的本质的理论。它解释了时间的快慢在你看来是否和他人一致，取决于你和他人之间的相对速度以及你们所受的引力。1905 年爱因斯坦提出的狭义相对论阐明了前一个变量；1915 年他的广义相对论阐明了后一个变量。由于我们都在地球上，所受的引力大致相同。因此，前一个变量就显得着重需要研究了：两人的相对速度。

事实上，人们对时间的感知取决于他们的移动速度。为什么这么说呢，由于一些未知原因，光速在我们宇宙当中扮演无限大的角色。爱因斯坦说过："在我们的理论中，光的速率相当于无限大。"[2]

那么显而易见，没有什么速度能比得上无限大的速度，因此也没有什么能赶上飞驰的光。假使一个物体以无限大的速度运动，那么不管你的速度有多么大，在它面前都显得异常地慢。无论你速度多快，对你来说这个物体的速度永远都是无限大。这个物体指的就是光。那么你现在也能理解，为什么说对任何事物而言无论其移动速度多快，它相对于光的速度都保持不变。

但回头一想，就觉得似乎有点不对。物体的速率指的是在单位时间内，物体所移动的距离——举个例子，小汽车能以100千米/时的速度奔驰在高速公路上。但是，如果光速相对于任何物体都是相等的，那么，只能是运动中的量尺和钟表出了什么问题吧。爱因斯坦就明确地阐述了"尺缩钟慢"现象。简而言之就是，物体在运动方向上长度会收缩，而时间在运动中也会延缓。所以，如果有人和你擦肩而过，按理说他就会沿着运动方向缩小，而且运动也会变成慢动作的样子！你肯定是没亲眼见过这种现象，因为只有在速度接近光速时——也就是声速的100万倍——这种效应才会变得明显。于是，在这个宇宙编写的戏法里，时间和空间就变得如橡皮筋一样伸缩自如地配合你演出，这才使得光速相对于任何人都能维持不变。

但是，如果人与人之间的相对速度不同，时间流逝的快慢程度也不尽相同，那么人和人之间也不会有任何共同的过去、现在或是未来。那为什么我们却从不怀疑这点呢？这个问题，我可以回答一半。因为我们生活的地方是宇宙的超级慢速区，我们从没有机会能遇见谁以接近光速的速度与我们擦肩而过。

然而，我们还是不知道，为什么我们会有"现在"这个意识。为什么我们会专注于最近感知到的信息？为什么没有一个延迟的"现在"让我们关注10秒之前感知的信息？或者为什么没有两个"现在"这样的观念，分别关注10秒前和30秒之前的信息？

物理学上对"现在"这个词条并没有定义，害得一些物理学家只能去其他学科中寻找答案。其中一个无奈的物理学家就是加利福尼亚大学圣巴巴拉分校的詹姆斯·哈特尔，他也是英国物理学家史蒂芬·霍金的同事。他认为在生物进化初期，也许有一些生物对时间有无数种感知，但现今我们却对时间只有一种感知。假使有一只树蛙，在它观念里"现在"都是延迟的，它一直关注的都是10秒之前的信息。这时，飞来一只苍蝇落在树蛙面前的叶子上，那么等到树蛙伸出舌头要吃掉苍蝇的时候，苍蝇早就飞走了。哈特尔认为，如果树蛙依靠延迟的信息捕猎，那么它早就饿死了。

我们人类就一直关注于最近接收到的信息才生存下来。而那些对时间感应延迟的生物都早早地饿死了。因此，哈特尔认为，比起物理学界对我们感知时间方式的阐述，生物学似乎略胜一筹。另外，由于任何生物都应受到同样的规则约束，所以哈特尔还总结说，宇宙间任意地方如果有外星生物，那它们认知里的时间很可能与我们感知时间的方式一模一样。

对时间做出最深刻、最透彻阐述的人恐怕是美国前总统乔治·沃克·布什吧！他说："我想我们现在都同意过去已经结束了。"这真是机智。

35

如何制造一台时间机器
物理定律并不否认时间穿越

如果你穿越时间飞回过去的时候，看见有人从过去飞往未来，你最好不要和他有任何眼神交流。

——杰克·汉迪（Jack Handy）

物理定律不仅不否定时间穿越，还让穿越变得可行——至少在理论上可行。这都得归功于爱因斯坦。在广义相对论中，爱因斯坦提出在不同引力作用下，时间流动的速度就会不同：引力大的地方，时间流动得慢；引力小的地方，时间流动得快。[1] 所以，要想造一台时间机器，只用找到两处引力不同的地方。比如说，先在地球上随便找个地方，这里时间按正常速度流动；再找一个引力更大、时间流动速度更慢的地方，比如说，黑洞附近。[2]

然后，想象有两个钟，一个在地球，另一个在黑洞。两个钟都从周一开始"嘀嗒"计时。那么，地球上的钟走到周五的时候，黑洞的钟才走到周三。如果你能从黑洞瞬间回到地球，你不是就能从周五回到周三了嘛。这还真有这样的一条路呢！没想到吧？爱因斯坦的理论不仅阐述了黑洞的存在；它还证明虫洞（一条穿越时空的捷径）的存在。

综上，时间机器的制作方法如下：在地球和黑洞附近各找一处地方，再用虫洞把两处连接起来。但是（故事里似乎永远都有个但是），

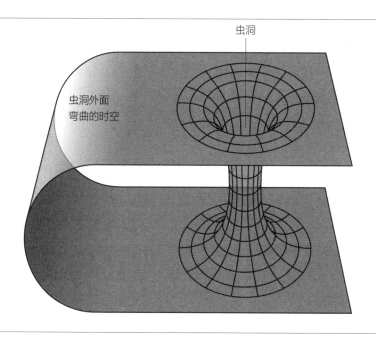

虫洞

虫洞外面
弯曲的时空

虫洞就是从高维空间抄小道，在低维空间移动。图示描述的是，扁平的二维平面弯曲成 U 形，而三维空间就能创建一条捷径，通往二维平面上的两个地方。

有个困难。虫洞是很不稳定的。它们总是在眨眼间就关闭通道，十分恼人。想要让它们安分一点，就只能让带有负引力而不是引力的物质将虫洞打开。带有负引力的物质只会往外喷射而不能吸引其他物质。这种负引力物质的确存在，这里让人不得不感叹宇宙的神奇啊。事实上，这种物质在宇宙中不仅存在，数量还很庞大，约占宇宙总能量的三分之二。

1998年，天文学家发现，由大爆炸引发的宇宙膨胀已经持续了138.2亿年，他们认为动力应该早就燃烧殆尽了。但是膨胀却仍在继续，甚至加速地膨胀。这真让人震惊！为了能合理地解释宇宙这反常的行为，科学家们被逼无奈只能推测出暗能量（在第31章中介绍过）

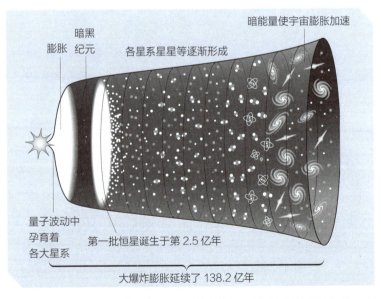

打开虫洞需要带有负引力而不是引力的物质，正是这种物质目前正在加速宇宙的膨胀。不幸的是，暗能量过于分散，稀薄到不足以胜任开启虫洞的工作。

的存在。我们知道暗能量是看不见的，但是充斥着整个宇宙。暗能量带有负引力，也正是这种负引力让宇宙继续不断膨胀。

然而，虽然暗能量物质带负引力，但由于过于分散且力度不够，不足以开启虫洞。我们需要的是与暗能量相似但带有更强负引力的物质。那么，如果想要开辟仅供一人爬过的虫洞，需要多大能量的负引力呢？答案是：需要我们整个银河系的所有恒星在其有生之年释放的所有能量总和。

H.G. 威尔斯写过一本小说，名为《时间机器》。我们前面一直在说的时间机器和他这个有两处很大的不同。小说改编电影中的男主角由罗德·泰勒出演，他坐在一个新奇的发明之中，上面带着个古铜色的钟表盘。男主角一拉拉杆，就能回到过去；再一拉拉杆，就能去往未来。但爱因斯坦理论告诉我们，时间穿越的时候可不能坐着。因为，时间穿越时也会产生空间移动。第二点不同就是，爱因斯坦认为我们不能穿越回时间机器制造之前的时间点。也就是说，如果你想回去看看恐龙，那你可得找一台 6600 万年前外星人落在地球的时间机器了！

我总结一下，制造时间机器的零件有：黑洞、虫洞、一种未知的带有极强负引力的新物质、银河系中所有恒星有生之年所释放的能量总和。呃，我可没说过制造时间机器是件容易的事啊！

问题的关键点并不在于我们能在现实中制造出时间机器。这相当困难。呃，其实是不太可能，除非我们身处哪个科技高度发达的文明中。不说这些没用的了，问题的关键点在于我们能在理论上制造出时间机器。也正因为如此，才害得物理学家个个夜不能寐。因为，这就是一扇通往疯狂世界的大门。举个例子，如果真的有时间机器，那么人就有可能穿越回过去，在自己母亲出生之前杀死外祖父。当然，正常人都不会想要回到过去干这种事。我就是举个例子而已。这种情况足以让物理学家警惕起来，因为，他们将必须面对一个问题：一个人如果都没有出生过，怎么能回到过去杀死外祖父呢？

为了规避"外祖父悖论"，史蒂芬·霍金提出了"时序保护假说"。简单说就是：时间穿越是不可能实现的。也就是说，一定还有目前未知的物理定律会站出来阻止时间穿越，顺带也就解决了那些由于时间穿越而导致的矛盾。霍金的解释简单而有力："你有见过谁是从未来回来的吗？"

还有另一种避开"外祖父悖论"的方法，但这要求我们必须从一种十分怪异的角度去看待宇宙。量子理论中，当一个原子真正出现在实验室里之前，它能在同一时间出现在多个不同的地方。物理学家们就得对此解释一下，为什么当他们正在观测原子时，原子才会乖乖地待在一个地方。为了回答这个问题，科学家们运用量子理论推导出不下十种诠释，所有的结果都与实验室中的一致。其中，最为著名的是"哥本哈根诠释"，它解释说，正是观测行为让原子规矩起来，只待在一个地方（"哥本哈根诠释"本身也需要进一步诠释，因为它并没有说明"观测者"是某个仪器或是人类）。但是，"多世界诠释"认为，原子本身就应该同时处于多个地方，但是这些地方分别在不同或平行的世界里。因为我们只能感知到一个世界，所以我们也只能观测到原子出现在一个地方。

如果"多世界诠释"是正确的，那么"外祖父悖论"就不再是难题。人回到过去，在他母亲出生之前杀掉他的外祖父这样的事在物理学上就是可行的，因为被杀掉的人不再是杀人者的外祖父了，而是平行世界的另一个外祖父！

Chapter
Six

第六部分
关于外星的故事

36

海洋世界
在木星的卫星木卫二的冰层之下，有着太阳系里最大的一片海洋

其他都是你的，但是木卫二不行，你不要试图登陆木卫二。

——阿瑟·C.克拉克（Arthur C. Clarke）[1]

　　木卫二是木星的一颗冰冻卫星，也是四个伽利略卫星中距离木星第二近的星体。木卫二表面地貌并无太多起伏，甚至连凹坑都很少，它看上去就像是斯诺克台球的母球。事实上，木卫二表面平坦光滑到它甚至都拥有大气。木卫二可称得上是太阳系中最大的溜冰场。虽然木卫二远远看上去显得平淡无奇，但凑近一看却是个很不一样的世界。

　　1979 年，美国国家航空航天局"旅行者 2 号"太空探测器拜访木星系统。从它发回的照片上可以看见，木卫二的表面冰层上遍布复杂的裂痕和纹路。20世纪90年代，美国国家航空航天局"伽利略号"探测器进入环绕木星的轨道，它发回的细节照片上，木卫二表面像是碎裂了一样。这种现象，像极了地球北极冰层。冰层先是碎裂成锯齿状，然后与其他冰块冻在一起之前，稍微漂移开了一点距离。这强烈地暗示着我们，木卫二冰层之下是一片海洋。

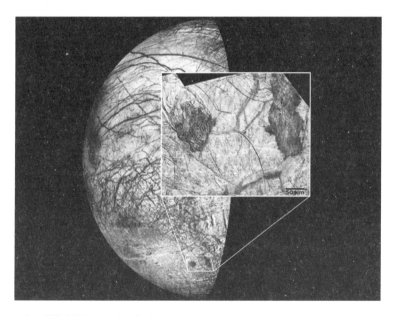

纵横交错的裂纹遍布在木卫二表面厚一万米的冰层上。冰层之下是太阳系中最大的一片海洋。

这片浩瀚之洋的由来并不难推测。木卫二的轨道距离木星仅比木卫一远了一点。由于木星对其的潮汐引力作用，木卫一内部岩石都变成了熔化的岩浆，并因此成为太阳系中火山活动最为频繁的星体。那么，木卫二冰层以下也应该由于引力的作用而液化。[2]事实上，"伽利略号"探测器观测木卫二时发现，它内部和外部冰层旋转速度不同。如果说冰层就是漂浮在液体之上的，那么这种情况就说得通了。各种表象证明，木卫二的万米冰层之下可能是全球范围的浩渺海洋，海深大概 10 万米。这就是太阳系内最大的海洋了。

有没有可能在此时此刻，正有生命体在那片冷寂的暗黑深渊中遨游呢？阳光曾一度被我们视作为生命的必需品。但 1977 年一项地球上的科学发现让人们彻底改变了这一想法。由美国海洋学家罗伯特·巴拉德带领的小组使用"阿尔文号"微型潜水艇进行深海作业。阿尔文号在深海底发现一处深海热泉正喷射出炙热无比、富含矿物质的水柱。[3] 在每个喷射口附近，都存在一种噬硫细菌以及一种手臂长短的管状怪虫。

木卫二海底也很可能有这样的深海热泉，这颗卫星由于木星的引力不断挤压拉伸，温度也随之上升。至少在地球上，这样的环境的确有生物可以生存。

但太阳系中不止木卫二一颗卫星有地下海洋。2008 年，美国国家航空航天局"卡西尼号"太空船已绕土星飞了四年，其间拍摄下了行星探索史上一些十分惊艳的景象。这些照片是关于土卫二的，它就只比南英格兰大上一点，在它那几十万米的喷射物中，满满全是闪闪发光的海量冰晶。[4]

早有各种线索昭示着土卫二并不是一颗死寂的卫星。因为，陨石带来的尘埃在经年累月中会渐渐地玷污这颗白雪覆盖的卫星。但事实上，它却仍是太阳系中最白最亮的一颗天体。这就意味着在这颗星体表面下干净的雪总是会被翻起来，覆盖乌黑的污物。也有科学家强烈怀疑，土星 E 环（土星环上的一道暗环）中的冰粒都是来自土卫二。

土卫二的南半球被薄荷色的裂纹划分成四块，这些长裂缝名叫"虎纹"。这意味着表面冰层上有地质活动，因此温度也相对较高。而虎纹区域正巧就是土卫二上冰晶喷泉的源头。

使冰晶喷涌而出的热能可能部分来源于土卫四对于土卫二的潮汐引力。土卫四绕土星公转一周的时间够土卫二公转两周了。但是，土卫二每小时能将冰晶喷射出超过 200 万米的距离。如果是在地球上，间歇喷泉想要达到这样的速度，只能是在高压高温条件下。也就是说，土卫二上这种情况，除了潮汐引力之外，应该还有其他热源才对。所有证据都昭示着，在土卫二冰层之下应当有一片热海充当热源，而这片热海就是太阳系中最小的海洋。

土卫二的冰晶喷泉证明了在这颗微小的卫星内部，有一片太阳系中最小的海洋。

如此微小寒冷的星体上却有如此剧烈的活动，真是让人十分惊讶。大家都认为只有在大型卫星上，潮汐加热的现象才会如此明显。没人会去想潮汐加热能在土卫二这样小的卫星上能起到什么大作用。土星这颗冰冻小卫星表层下有一片海洋，这让我们开始思考是否能在这颗星球上的某处发现生命痕迹。生命体的组成物质是有机分子，也正是有机分子让土卫二南半球的"虎纹"呈现出薄荷绿色。也就是说，土卫二的冰层之下温暖而潮湿，里面有着生命所需的所有原材料。那么，土卫二就有可能成为第二颗拥有生命的星球。当然，如果木卫二领先一步的话，那土卫二也可能成为第三颗拥有生命的星球。

虽然土卫二很是渺小，但它用事实告诉我们，生命可能存在于太阳系的任何地方。即使是那些我们从未考虑过的犄角旮旯里也有可能存在生命。如果土卫二上真的有丰富的微生物生态圈，而它又是土星E环中冰晶的源头，那整个E环岂不就是个环形坟墓了，里面漂浮的全都是冻得硬邦邦的细菌。

37

外星垃圾
如果真有外星人的话，那他们扔弃的垃圾肯定会飘到我们地球来

如果我们发现外星人之所以光顾地球，只是为了让他们的孩子们上个厕所，我们的心情该是如何？

——杰伊·莱诺（Jay Leno）

在《2001 太空漫游》这部电影里，宇航员在月球第谷环形火山口的尘埃中挖掘出外星人造物。当太阳升起晨曦之光照在上面时，它开始大声向星际广播，振聋发聩。300 万年前，制作它的外星人飞越太阳系时，发现太阳的第三颗行星上生机盎然，因此觉得地球很有前途。但是外星人没空停留，银河系还有太多行星等着他们去探索。于是他们在月球上埋了个微型监控器，外星人有巨大的卫星信号接收器，如果地球上有任何科技文明崛起，它就会给太空另一边的外星人

发送警告。

这种事情只会在科幻小说里出现吗？月球地表之下，甚至地球土地里会不会真的埋着什么外星人制作的小玩意儿？乌克兰哈尔科夫的射电天文学家认为，这个问题的答案仅取决于银河系深处是否有外星文明。阿列克谢·阿尔希波维奇认为，如果真的有外星文明，那外星人产物一定会到地球来。他更估算出自太阳系诞生以来，数千件外星人制品曾掉落到地球。[1]

关键词是"掉落"。因为阿尔希波维奇认为这些外星制品只是意外地不慎遗落在地球上，并不像小说里写的那样有目的地放置在月球上。

阿尔希波维奇指出，我们的太空探测活动不可避免地污染着太阳系。废弃的卫星、报废的火箭外壳之类的垃圾阻塞着地球运转的轨道。这样的太空垃圾十分有害，美国国家航空航天局甚至由于担心发生碰撞事故而延迟发射航天飞机。但是，阿尔希波维奇也表示，这样的行星际垃圾并不会一直都是行星际垃圾。因为一些行星际垃圾不可避免地将被太阳系扫地出门，去往其他星系流浪。火箭排放的那些很小的碎屑将被太阳风的压力吹散；那些在距离太阳很远的地方执行探测任务的太空探测器也会将垃圾碎片喷射到茫茫星际之中。

阿尔希波维奇认为，这种事情是相互的。正如人类太空活动产生的垃圾会污染太阳系一样，遥远时空之外的外星人的太空活动也让他们的行星际中布满垃圾。正如我们的科技可以将垃圾分散到星际空间中一样，外星人也会这样。也就是说，外星人的太空垃圾将不可避免地掉落到我们家门口。"在克里斯多夫·哥伦布看来，新大陆存在的证据就是那些漂洋过海来到他眼前的物品碎片，"阿尔希波维奇这么说道，"同样的道理，如果也有什么碎片飘过太空之海来到我们眼前，那它们也一定能作为外星人存在的证据。"

阿尔希波维奇甚至估算出在过去45.5亿年里，那些可能掉落到地球上、大小各异的外星文明产物的总量。显然，这种计算需要一些科学的假设。举个例子，他假设我们邻近星系中有1%存在着科技文明，在其文明存在的时间内，该行星体系内1%的太空垃圾会脱离星系飘过星海来到地球。阿尔希波维奇认为这么假设很是合理，因为这样的文明必然会开采利用其周边空间的各种资源。正如现在的我们，也在探索开发地球周围的资源一样。

按照上述假设，阿尔希波维奇计算得出的结果让人惊讶。"在45.5亿年的时间里，"他说道，"约有4000个100克的外星产物掉落在地球上。"顺便说一下，100克大概就是一小罐马麦酱（Marmite）的重量。

当然，如果以上假设的比率变化一下，比如只有0.01%的邻近星系存在科技文明，或当中只有0.01%的行星际垃圾脱离星系，漂洋过海来到地球，那么阿尔希波维奇的估算结果就要从4000个（单位重量100克）外星产物，缩小成4个（单位重量100克）外星产物了（此数学模型应为非线性）。外星人存在的证据也许就在我们脚下。阿尔希波维奇认为科学家们应该认真考虑，在地质层中以及非正常陨石周围寻找外星文明产物。也许就像阿瑟·C.克拉克猜想的那样，寻找这些外星文明产物的最好地方就是月球。虽然月球被各种陨石撞击，但是没有风化，也没有因为地质运动导致整个星体重构。不幸的是，目前我们的科技水平还不足以让我们在月球上进行这种探索。因此，我们只能寄希望于地球了。海洋里是最有可能发现外星文明产物的地方，因为它占了地表面积的三分之二。然而，海底的压强实在太大，我们只能派遣机器人进行作业。可是，要在海底去找一个形状奇怪、尺寸如马麦酱罐子般的外星小玩意儿，这可真就是大海捞针了。

地面看上去是个更好的作业地点。然而，经年累月的风吹雨淋冰冻日晒，就连最挺拔的山都经受不住，更别提数亿年来沧海桑田的地质变化。这么一看，要在陆地上找到掉落的外星文明产物也就显得希望不大了。事实上，任何在10亿年前掉落地球的外星文明产物都早已沉入地下，被地心的高热高压挤压转化变得面目全非。

当然，如果是相对近期才掉落到地球的外星文明产物，那它们应该会离地表更近一点。但是，想要把它们辨认出来也是很困难的。如果外星文明比我们先进几千年或是几百万年，我们根本无从辨认他们的物品。这就像蚂蚁，甚至可以说变形虫不能辨认出洗碗机一个道理。正如克拉克所言："我们无法区分任何足够先进的科技文明与魔法之间的区别。"

这样看来，我们仅存的希望就是找到一块化学组成特别或原子核组成奇怪的石头或金属。也许此时此刻，世界某处的博物馆里正陈列着一件布满尘埃的外星文明产物。然而，长久以来并没有人能够将它辨识出来。也许，有个新上任的博物馆长打开了玻璃罩把它拿在手上，正眉头紧锁地端详呢。

38

星际偷渡

想看看火星人吗？照照镜子吧

火星人总会到来。

——菲利普·K.迪克（Philip K. Dick）

　　我们在 1976 年发现了火星生命。至少有人这么认为。全世界对待此事各执一词。这一争论源于美国国家航空航天局"维京 1 号""维京 2 号"探测器在火星表面进行的生命探查实验。不幸的是，实验结果显得模棱两可。

　　实验思路其实很简单。舀一勺干燥的火星土壤，加入水和营养物质，再提供温暖的环境。如果土壤中含有任何处于休眠状态的微生物，那么它们就会在实验环境下苏醒过来，并且开始进行新陈代谢。因此，就会有 CO_2 作为副产物以气态形式释放出来。而实验的确释放

出了 CO_2，可以想到当时维京科学小组成员们内心的狂喜。但是问题在于，释放的 CO_2 量比预期的多太多，而且释放了一小会儿就停止了。这种实验现象看上去并不像是生物体导致的。

即便如此，该实验的设计者，加利福尼亚前环境卫生工程师吉尔伯特·莱文（Gilbert Levinrt）仍然坚定不移地相信"维京号"探测器发现了火星生物。科学界却普遍认为，人类只是找到了一些化学成分奇怪的火星土壤。也许土壤中含有非常活泼的 H_2O_2，它能迅速氧化营养物质并使其释放 CO_2。

乍一看，火星环境似乎并不适合生命生存。火星环绕太阳的距离是地球的 1.5 倍，即使在炎夏时节，火星的温度也仅能达到水的冰点温度。火星也缺乏行星磁场的保护，因此火星表面就直接暴露在致命的太阳粒子辐射之下。

然而，1977 年由海洋地质学家罗伯特·巴拉德带领的小组发现了深海热泉生态圈，这改变了我们对生命存活的环境的认知。在几千米深的海底，深海热泉喷涌出极热的水流和矿物质，在漆黑一片中滋养着生机勃勃的生态体系。这个生态体系中食物链底层是细菌，它们并不靠氧气获取能量，而是靠硫化物生存；该食物链中的顶层是巨型管蠕虫。

在巴拉德小组发现深海热泉生态圈之后，生物学家们又在极为干燥、荒凉寂静的南极洲发现了生长旺盛的微生物群。这些微生物生活在地表以下几千米的岩石之中。另外，还有一类细菌叫作耐辐射球菌，它还有个绰号叫作"柯南细菌"，它就最喜欢生活在核反应堆里。谁又敢说这样坚韧的细菌（极端微生物）不能在火星上生存呢？也许，就有类似的细菌生活在火星地表下的洞穴中，那里有永冻层，甚至还有液态水也说不定。外部的岩石层还能为它们抵御太阳辐射的侵害。

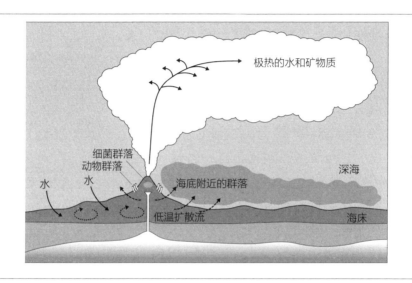

海洋中海底热泉喷射出极热的水流和矿物质，在完全黑暗的环境中滋养着生物群落。相似情况在太阳系其他星球也会存在吗？

可能这样的微生物在非常早的时候就在火星生存了。火星有个神奇之处，现在的它和以前的它可是相去甚远。火星上有个地方叫水手谷，是处巨大的峡谷，它随便一个峡谷都比美国大峡谷还大。这看上去就像是，火星上曾经有过大江大河，洪水在火星表面冲击出条条河道。甚至有线索暗示我们，曾经火星上没准还有浅浅的海滩呢。

事实上，地球在45.5亿年前诞生，那之后的5亿年到10亿年间并不适合生物生存。虽然有初步化学发现表明地球在38亿年前就存在生命，但更为有力的细菌化石证明，直到35亿年前地球上才有细菌存在。而且，火星比地球小，它从诞生那会儿热到熔化的状态到冷却下来的时间也会比地球短。[1] 所有的事实都不断提示我们，当地球还是片死寂之地时，火星上没准都有江河湖海了。所以，如果火星上真的存在生命，那应该比地球生命出现的时间要早。

　　科学家在地球上共发现了十多块来自火星的陨石，这些陨石是其他小行星撞击火星时产生的。它们飞射到太空中，漫无目的地绕着太阳转圈，最终被地球截获。实验已经证明，如果这些火星陨石上有极端微生物的话，那么，这些微生物是能够在行星撞击、爆炸中存活下来的，它们也能熬过漫长寒冷的太空生活，还能安然无恙地穿过地球大气层。由此可见，故事可能是这样的：38亿年前，火星上的某块陨石经过漫长的旅行抵达地球，给地球带来了第一批微生物。我们会不会都是火星人呢？

39

星尘化人
你的确来自天堂

在我心里，一弯草叶可比天上繁星起落。

——沃尔特·惠特曼（Walt Whitman）[1]

你血液中的铁、骨骼中的钙、肺中吸入的氧都是远在地球诞生之前，在漫天繁星内部形成的。事实上，我们与星系之间的关系紧密到任何占星家都无法想象，而科学家发现这一惊人事实的道路是漫长而曲折的。

第一步是发现宇宙间万物生灵都是由原子构成。理查德·范曼曾提出一个问题："如果有大灾难发生，所有科技科学都将毁于一旦，我们却只能为后世留下一句话，那么怎样才能用最少的话语传递最多的科学信息呢？"他斩钉截铁地自问自答道："万物皆由原子构成。"

在漫长的几个世纪里，人们曾经不断尝试将一种物质炼制成另一种物质，比如说把铅变成金子。有趣的是，在经历了几百年的尝试失败之后，人们突然发现世界是由微小而不可分的粒子构成的，这些基本粒子并不能从一种变成另一种。原子不仅是基本元素，它还是谱写万物的字母表。正如前文所言，将原子按不同方式、不同类别组合在一起，能构成一个星系、一棵树或者一只在山间嬉戏的猿猴。世间繁复多变的事物只是虚幻，万物的本质都十分简单，只是自然基础元素的排列组合而已。

自然界一共有92种自然存在的原子或者说元素，从质量最轻的氢元素到最重的铀元素，其中一些元素在宇宙中很常见，另一些则不然。到了20世纪，我们又发现另一个古怪的事实，一个元素在宇宙中含量多少与其原子核构造有关。比如说，原子核最轻的元素最为常见。

那么，究竟为什么元素在宇宙中的含量会和元素原子核结构相关呢？唯一行得通的解释是，核反应过程也参与到原子形成的历程中了。换句话说，创世神并不是一次性创造出这92种元素。真实情况是，当宇宙还处于幼年阶段时，它只拥有最简单的原子——氢原子。而其他更重的元素都是由氢元素组合形成的。

原子核内的质子之间排斥力异常强，要想靠核力将它们像《星际迷航》中"牵引光束"那样束缚住并且黏合在一起，就必须把质子们放置到足够近的地方。这就意味着，质子们必须以极高的速度"砰"的一下撞击在一起。[2]温度是微观运动的量尺，也就是说这种核反应需要极高的温度。

20世纪的物理学家们面临的问题是：宇宙中什么地方的温度可以

达到让原子核融合，从而形成新原子的高温熔炉呢？最初，科学家们认为是各大恒星表面，但即便是那儿的温度似乎也不够高。他们发现找错了地方，于是把目光转移到宇宙诞生之初的那一瞬间：宇宙大爆炸的火球就是最初的熔炉。但是，大自然做事才不会如此简单，炼造出 92 种元素的宇宙熔炉并不止这一处。但质量极轻的一些元素，比如说氦，的确是在宇宙诞生那最初几分钟里炼化而成的。而所有重一些的元素则是由各恒星内核自大爆炸起就苦心经营、费力炼化而来的。

太阳这般的恒星不够热、密度也不够大，炼化不出任何比氦元素更重的元素。但大质量恒星内部则能炼制出重至铁元素的原子。[3] 到最后，这类恒星内部结构就如洋葱一般，每一层的构成元素都比它外

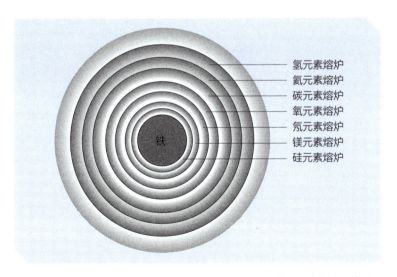

氢元素熔炉
氦元素熔炉
碳元素熔炉
氧元素熔炉
氖元素熔炉
镁元素熔炉
硅元素熔炉

铁

宇宙中的"洋葱"：大质量恒星最终成为多层结构，每层元素都比其外面一层元素质量更重。当该恒星演化至超新星爆炸阶段时，构成它的这些元素就使得星际元素更加丰富。

面一层的构成元素更重。

如果这些恒星始终保持稳定，也没有演化到超新星爆炸阶段，那么这些新的更重的元素便会一直封锁在恒星内部。这样一来，我们也不会存在了。幸好，这些恒星不仅会借助自身爆炸将核熔炉中融合的新元素分享给全宇宙，在爆炸过程中还会生产出更重的元素来。这些元素与星际云的气体和尘埃混合在一起，丰富了星际云中的重质量元素，与星际云一起孕育新恒星和行星。正因如此，重元素才会在地球上出现。正如美国天文学家艾伦·桑德奇（Allan Sandage）所言："我们都是兄弟姐妹，我们都来自同一次超新星爆炸。"

如果从恒星上挖一小块物质会是什么样的呢？如果好奇的话，不如举起自己的手看一看，毕竟你就是星尘所化。

40

脆弱的蓝点
所有关于地球的照片中最引人惊叹的一张，只不过占了一像素

我确信宇宙中遍地皆是智慧生物，他们过于聪明了，所以不来这里。

——阿瑟·C.克拉克（Arthur C. Clarke）

　　美国国家航空航天局的"旅行者1号""旅行者2号"探测器于1977年发射升空。值得一提的是，这些太空探测器中都携带着一张金色的磁盘，那是一张由老式播放器播放的带微小沟槽的磁盘。磁盘上记载着地球生物和文化的音像资料。它就像是存放在宇宙里的时间胶囊。希望将来能有外星文明或是未来人类捕获"旅行者号"，发现里面的磁盘。虽然这些飞船并没有预设特定的目的地，不过在大约4万年后，"旅行者1号"应该会飞到1.6光年外的恒星——格利泽445（Gliese 445）。

1980 年，"旅行者 1 号"路过木星和土星并发回拍摄下的巨型星云和卫星壮美的照片。"旅行者 1 号"已然飞越了太阳系中最偏远的行星，向着其他星系飞去了。

卡尔·萨根（Carl Sagan）是一位行星科学家，因为《宇宙》系列电视剧而闻名。卡尔·萨根也是"旅行者号"小组成员之一，他曾坚持数年不断催促美国国家航空航天局将"旅行者 1 号"的摄像头掉个头，看一看走过的路。1990 年 2 月 14 日，卡尔·萨根终于如愿以

暗淡蓝点：这是从距离地球最远处拍摄的地球照片，是由"旅行者 1 号"从 60 亿千米外拍摄的（垂直光带缘于人为因素）。

偿，"旅行者 1 号"的摄像头掉转方向，看了身后的太阳系一眼。

于是，"旅行者 1 号"拍下了科学史上标志性的一张照片。这张照片可与"阿波罗 8 号"拍的那张地球从荒寂的月球地面升起的照片媲美，也能和 DNA 螺旋线构型的图片比肩。乍一看这张照片，人们首先注意到的是暗黑的宇宙背景上几道彩色的平行光带，这不禁让人迷惑。但事实上，这些光带并不是太空中的什么神秘事物，它们完全是人为造成的。它们会出现在照片上仅仅是因为光束在"旅行者号"相机内部来回反射。照片的重点其实是位于中间的一个蓝色小点，它只占了一像素的大小。

这个蓝点上居住着 70 亿人类，人类所有历史在这里上演。它就是从 60 亿千米外拍摄的地球，这也是从距离地球最远处拍摄的地球照片，距离是太阳到地球运行轨道距离的 40 倍。[1]

我不时会将这张暗淡蓝点的照片发布到推特上，标题写道："想一想吧，我们所有人都生活在这个小点上。"也许是因为这张照片让大家从另一个角度领悟生活吧，它总是能获得很多点赞和回复。它不仅让我们从新角度思考生活，也提醒着我们在宇宙中是多么孤独。

宇宙中约有 2 万亿个类似银河系的星系，平均每个星系拥有约 1000 亿颗恒星。只要看看地球的左邻右舍就知道，行星比恒星还多得多。事实上，宇宙中的行星要比地球上所有沙滩的沙砾总和还要多。在这数量庞大到难以想象的行星中，我们目前只知道仅地球有生命存在。

这粒微小脆弱的蓝点。

Chapter
Seven

第七部分
关于宇宙的故事

▼

41

没有昨天的一天
宇宙并不是永恒存在的——它有诞生之日

第一，大爆炸并不是很大；第二，那也不是爆炸；第三，大爆炸理论并没有说清楚什么爆炸了、什么时候炸了、怎么炸的，就只告诉我们，曾经爆炸了。综上所述，大爆炸这三个字的确用词不当。

——加来道雄（Michio Kaku）

也许，科学历史上最伟大的发现便是：宇宙并不是永恒存在的，它有诞生之日，那一天是没有昨天的一天。距今约 138.2 亿年前，所有的物质、能量、空间甚至时间都蜷缩在一团炽热无比的火球之中，这就是所谓的大爆炸。这个火球不断膨胀并随之慢慢冷却，在一片废墟残片之中渐渐形成各大星系。星系是众多恒星聚集起来的集合，咱们的银河系就是大概两万亿星系中的一员。

不过，科学家们可不是很喜欢大爆炸这个理论。甚至不仅是不喜欢，他们简直想把大爆炸理论痛打一顿。因为这个理论迫使科学家们必须面对一个十分尴尬的问题：大爆炸之前是什么呢？不管科学家们多么不愿意相信，他们也只能按照科学依据推断出事实，而种种证据都昭示着宇宙有它诞生之日（而且不是太久之前，宇宙的年龄仅是地球的三倍）。

美国天文学家爱德文·哈勃（Edwin Hubble）发现了证明大爆炸存在的第一个证据。1929 年，借助南加利福尼亚威尔逊山天文台里那台 100 英寸的胡克望远镜，哈勃发现我们的宇宙正在膨胀，宇宙中的各星系就像飞溅的弹片一般相互远离。做个简单的推论：过去的宇宙比现在的小。不如我们尝试着在脑海里，把宇宙膨胀的过程像电影一样倒放，当故事倒放至 138.2 亿年前时，一切创世所需的材料都蜷缩在一个小到不能再小的点里。这就是宇宙的诞生：大爆炸。

然而，有一部分科学家仍不愿接受万物皆有初始这一结论，他们绞尽脑汁寻找一种可以避免这种结论的理论。1948 年，天文学家弗雷德·霍伊尔（Fred Hoyle）、赫尔曼·邦迪（Hermann Bondi）和托马斯·戈尔德（Thomas Gold）共同提出：随着星系彼此间的互相远离，新的物质会连续不断地在星系之间的空隙中创生出来，最终形成新的星系。宇宙只有以这种方式不断膨胀，才能既符合哈勃的观测结果又能规避宇宙诞生的问题。这种物质不断创生的理论听上去虽然很是荒谬，但总比宇宙万物起源于大爆炸的一点要来得靠谱些吧。

霍伊尔、邦迪和戈尔德提出的稳恒态理论有个很明显的特点就是，科学家可以验证该理论是否为真。稳恒态理论预测的宇宙，一定是一个在任何时间看上去都毫无差别的宇宙。然而 20 世纪 60 年代，天文学家发现了类星体，它是新生星系内异常明亮的内核。类星体发出的光亮用了几十亿年才传播到地球，所以我们看到的是它们处于宇宙早期的模样。由于现在宇宙中并没有类星体存在，所以很明显，宇宙的模样和从前不一样，或者说是进化了。这一事实彻底与稳恒态理论相违背。

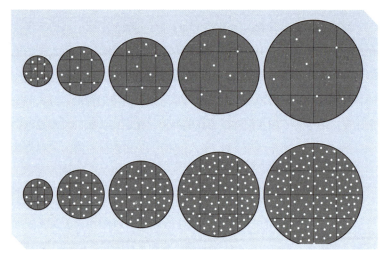

大爆炸理论预测宇宙应当随时间变化（上列）；
稳恒态理论预测，随着宇宙膨胀，新的星系将创生出现填补空隙，因此宇宙不随时间变化（下列）。

而彻底推翻稳恒态理论是在 1965 年，两位天文学家——阿尔诺·彭齐亚斯（Arno Penzias）和罗伯特·威尔逊（Robert Wilson）正在鼓捣一台巨型喇叭状的射电天线（见第 44 章）。它是由美国电话电报公司（AT&A）贝尔实验室设计制造的，用于与通信卫星建立微波信号联系。两人本是想用它来探测银河系中盘桓的超低温氢气所发出的微弱射电，但是他俩却被萦绕不去的"嗞嗞"噪声搞到崩溃。不论他们把这个"大喇叭"对准哪个方向，都能接收到这种噪声。事实上，彭齐亚斯和威尔逊这个跟头是栽在大爆炸火球的余晖上了。在过去 138.2 亿年中，宇宙由于不断膨胀而逐渐变冷，时至今日已然看不见高能量的可见光了，但低能量的微波辐射仍然存在。

这就是宇宙微波背景辐射，这一发现不仅让彭齐亚斯和威尔逊荣获 1978 年诺贝尔物理学奖，而且也证明了大爆炸理论。即便如此，霍伊尔依然我行我素，拒绝接受大爆炸理论，拒绝接受微波背景辐射源自宇宙诞生这一事实。终其一生，霍伊尔都在修订稳恒态理论，想让它符合宇宙微波背景辐射。讽刺的是，"大爆炸"这一术语却是由霍伊尔在 1949 年 BBC 广播中创造出来的。

两位物理学家分别通过数学推导，得出宇宙正在膨胀且一定有个

宇宙幼年时期的照片：该照片由美国国家航空航天局威尔金森微波各向异性探测器拍摄。图中是宇宙 38 万岁时，大爆炸火球发出的"光"。图中不均匀的地方表示物质分布不均匀，物质聚集起来准备形成首批星系。

175

开端这一事实：俄国人亚历山大·弗里德曼于 1922 年以及比利时人乔治·勒梅特（George Lemaître）于 1927 年。[1]故大爆炸模型又被称为弗里德曼—勒梅特模型。这个模型对勒梅特而言意义非凡，因为他不仅是一位物理学家，还是一名虔诚的天主教神父。宇宙在大爆炸明亮的火球中诞生这一事实，恰好符合创世神创世时所说，"要有光"。于是就有了光。

爱因斯坦在 1915 年，第一次世界大战正值白热化之时，提出了他的万有引力定律，即广义相对论。弗里德曼和勒梅特正是根据这一定律推演出膨胀宇宙。让人惊讶的是，爱因斯坦本人也在第二年将广义相对论应用于宇宙引力研究，他却选择忽视自己方程中所蕴含的信息。其实这是科学家们常犯的错误，他们总是很难相信宇宙是真的按照他们写满黑板的那些晦涩难懂的方程运转。正如诺贝尔物理学奖获得者史蒂文·温伯格（Steven Weinberg）所言："物理学家犯错误不是因为过于自信，而是在于不够相信自己的推断。"

宇宙诞生于大爆炸这一事实给科学界带来了巨大的挑战。约翰·C. 马瑟（John C. Mather）由于在宇宙背景辐射领域的巨大成就获得诺贝尔物理学奖，他说道："每次我们一说到大爆炸，人们就想知道大爆炸之前是什么，如果我们能回答这个问题，他们又要问那之前又是什么。"[2]英国皇家天文学家马丁·里斯（Martin Rees）也说道："我们可以追根溯源到大爆炸初期，但我们仍不知道什么炸了、为什么炸了。这些问题是对 21 世纪科学界的挑战。"

42

鬼魅宇宙
我们望远镜中的宇宙并不是在那儿真正存在着的

太空非常大，你都想象不到它的浩瀚无边。你可能认为去药店买药的
路十分漫长，那和太空比起来不过像花生米一般大小。

——道格拉斯·亚当斯[1]（Douglas Adams）

想象你住在伦敦中心地段，你透过你家窗户往外看去。100 米开
外的地方，车水马龙往来间把路都给堵住了。你看见 350 米外燃着大
火，耀眼的火光染红了天际。你看见 2000 米外，一艘罗马大船正停
泊在泰晤士河泥泞的岸边。你是否感到荒谬？其实，这正是天文学家
们透过望远镜观测太空时看到的情景。

如果光速减缓至每 100 年走 100 米，信息的传递也变得如蜗牛
一般缓慢，你便能看到以上场景。虽然光速快得惊人，约为 30 万

千米／秒，但宇宙实在太大了，光到达地球所跨越的距离长到难以想象。因此，光看上去就像只蜗牛缓慢爬过太空。

光抵达地球前，在太空中走过的距离越远，我们看见的光发出的时间越早。比如说，我们看见的月光是 1.25 秒前的月光，阳光是 8.5 分钟前的阳光；半人马座 α 是距离地球最近的恒星，我们看见它的光芒是 4.25 年以前的。也就是说，我们根本无法得知宇宙此时此刻的模样，事实上，"现在"这个概念对宇宙而言毫无意义。

当然，我们仍能确定月球、太阳和最近的恒星系此时此刻还存在。甚至能说离我们最近的星系——仙女座星系也很可能依然存在，即使我们看见的星系光来自 250 万年前。那些离我们更加遥远的星系可就不好说了，如果我们看见的光是几十亿年前的光，谁敢说它们就一定存在呢？恐怕早已消亡了吧，星系内的恒星已然熄灭，又被其他星系吞噬。举个例子，因为物质盘绕超级黑洞旋转，温度升高至白热化，我们才能看见类星体发出的耀眼光芒。但是实际上，类星体早已将其能源，即气体能源以及被撕裂的各星体，都消耗殆尽了。[2] 因此，此时此刻的宇宙中并不存在任何类星体。当我们透过望远镜遥望天际时，仍在亘古闪耀着的是那些早已消亡的星体残像。

宇宙的宏大让光速看上去像蜗牛一样慢，也让望远镜变得更像是一台时间机器。大自然总是拿走我们一些东西，又慷慨地赠予我们其他。虽然我们看不见"现在"宇宙的模样，但我们可以凭借不断望向宇宙深处而得知宇宙过去是怎样的。这种能力可是历史学家和考古学家们梦寐以求的呢。天文学家借此可以推演出宇宙自大爆炸直至今日的进化史。

然而，还存在另一个问题，我们通过望远镜看见的不仅是过去的景象，还是扭曲的景象。这是因为，光从遥远的星系来到地球的途中必定道阻且长，须得穿过许多离地球更近一些的星系。这些星系的引力会使遥远星系的光变形扭曲，这种现象称为引力透镜，也就是说我们看见的景象也是扭曲的，就如透过满是水雾凝结的窗户看外面一样。我们看见的宇宙不仅是个不复存在的鬼魅，而且这个鬼魅还不是它本来的模样！

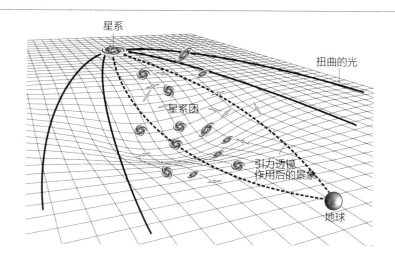

扭曲的宇宙：遥远星系发出的光，在到达地球前，被近一些的星系引力扭曲，受到引力透镜作用影响。

43

暗

97.5% 的宇宙是不可见的

暗物质无处不在，它就在你房间的每个角落。

——法比奥拉·贾诺蒂（Fabiola Gianotti）

97.5% 的宇宙是不可见的，不管从哪个角度看，这都堪称科学史上最令人讶异的发现。然而，大部分科学家对这一事实的认识仍然不够深刻。很多人仍未意识到，过去 350 多年以来科学家致力于的事业不过只是宇宙极小一部分，就像巍峨大山中散落的雪花。

宇宙仅有 4.9% 是由原子组成的，比如说你和我、天上的繁星等。然而通过望远镜，我们仅能看到这 4.9% 的一半。天文学家怀疑另一半由原子组成但又看不见的物质是星系之间游荡的气体，它们不够冷，也不够热，无法发出光亮。近期有科学研究表明，我们已经在热气体细丝中找到了一部分这种看不见的物质。热气体细丝是星系之间稀薄的网状物质。[1]

宇宙中 4.9% 为普通物质，26.8%（大概为普通物质的 6 倍）为暗物质。暗物质不发光，或者发出的光芒过于暗淡，以至于我们最为灵敏的天文设备都无法探测到。我们能觉察到暗物质的存在，完全是因为暗物质对可见星体和星系有引力作用，使得它们的运动轨迹与牛顿引力定律的计算结果不符。

至于暗物质究竟是什么，我也并不比你多知道些什么。对此猜测很多，从未知的亚原子到自大爆炸就存在的冰箱大小的黑洞。还有种可能就是，我们正处于倒流的时间中，而暗物质是未来遗留下来的产物（没开玩笑）。[2] 如果暗物质是由前者构成的，那它现在就真的充斥在你周围的空气中。科学家也曾希望有疑似暗物质的亚原子，会在位于瑞士日内瓦附近的大型粒子加速器内现身，但至今为止并没有任何惊喜。闲来无事之时，我也会胡乱猜测一下是否会有暗恒星、暗行星、暗生物之类的东西。也会猜测，科学家近 50 年来不断试图寻找外星文明但一无所获的原因没准就在这些"暗"的事物上，没准我们周围正热闹地开展着星系间商务文化交流，只是我们看不见而已。

除去 4.9% 的普通物质，26.8% 的暗物质，另外占据 68.3% 宇宙质量的是暗能量（记住，所有能量都有对等的质量，按照爱因斯坦质能方程 $E=mc^2$ 换算）。暗能量不可见，它充斥着整个宇宙且带有负引力。负引力会加速宇宙膨胀，这也是为什么我们能在 1998 年发现暗能量的存在。试想一下，直到 20 多年前，科学界才开始意识到那些一直以来忽略掉的绝大部分宇宙。

如果说物理学家们被暗物质难住了，那么暗能量简直让他们无从下手。当今最先进的物理理论是量子理论，它十分成功，我们从它那里获得了激光、电脑和核反应堆。它也解释了太阳为什么发光，我们脚下的土地为什么坚实。但是，当我们将量子理论用于预测暗能量的能量时，得出的计算结果比我们实际观测到的结果大了 1 后面加 120 个 0 那么多倍。这是科学史上理论值与观测值差异最大的一次。也许我们对"真实世界"的含义有些误解。

"现代宇宙学面临最尴尬的问题是，宇宙绝大部分构成是不可见的，"美国天文学家史黛西·麦高（Stacy McGaugh）说道，"暗物质和暗能量构成了宇宙约 95% 的质能，但我们也仅仅知道它们存在罢了。"[3]

静静地想一想，我们竟然仅靠望远镜中看见的 2.5% 的宇宙，就勾画出现代宇宙学的基石，即宇宙模型。举个例子，这就像是，19世纪的查尔斯·达尔文（Charles Darwin）如果只知道青蛙，但不知道树、狗、蚂蚱或鲨鱼什么的，那么他又能在生物学理论，如进化论上，做出多少成就呢？现代天文学家就处于这种尴尬的境地。显而易见，现代宇宙学缺失了一大块知识点。希望有朝一日，新发现能弥补这些盲点，让暗物质和暗能量这些在大爆炸理论中的捣蛋鬼能有机地整合成完美无瑕的理论。希望科学前行的道路上会有惊喜等着我们——那种能彻底改变我们看待宇宙方式的惊喜。

44

创世余晖

宇宙照片中 99.9% 的光子不是来自恒星或星系，而是源于大爆炸的余热

> 试想一个十分久远的文明，它笼罩在创世余晖之下。宇宙之主仍十分年轻，宇宙中极少几处有生命迹象。诸神望向无际的深空顿感寂寞，满腔心绪无人述说。
>
> ——阿瑟·C.克拉克（Arthur C. Clarke）[1]

大爆炸的火球有些像核爆炸的火球，但核爆炸的火球热量在一小时内、一天内或一周内就会消散开来。相比而言，大爆炸的热量就无处消散了，只能在宇宙中徘徊。事实上，宇宙里也只有大爆炸的产物。时至今日，大爆炸遗留的热量仍充斥着宇宙，围绕着我们。在过去 138.2 亿年的膨胀中，热量已然冷却下来再也无法发出可见光，只

能释放出一种不可见的光，即微波辐射。[2]

　　微波对你而言一定不陌生，它应用于手机通信、加热食品、传播电视节目等领域。如果你用过老式电视，当你切换频道时，中间会有画面停顿现象或者雪花出现在屏幕上，大约1%的画面停顿和雪花就可能来自大爆炸产生的微波辐射（在调长波段电台时，中间停顿的空白也是同样的道理）。这些微波在被你家电视天线捕获之前，已经在宇宙中飘荡了138.2亿年，上次它们接触到的其他事物是宇宙开端的那个火球。

　　事实让人震惊，宇宙中99.9%的"光"，也就是光子都来源于大爆炸的余晖，仅0.1%的光子是源于恒星以及星系。这就是宇宙最为惊人的特征：宇宙微波背景辐射。如果你有双能看见微波的眼睛，那么你眼前的世界，包括空空如也的空间都会发出白亮的光。你就像是住在一个大灯泡里。科学家直到1965年才发现宇宙微波背景辐射，而且完全出于意外。

　　但是，我们周围的所有事物都会发出微波，我们便难以分辨哪些是大爆炸发出的。这正是1964年新泽西州霍姆德尔的两位科学家——阿尔诺·彭齐亚斯（Arno Penzias）和罗伯特·威尔逊（Robert Wilson）碰上的难题。这两人被巨型喇叭状微波探测器吸引到贝尔实验室工作。彭齐亚斯和威尔逊想用探测器研究天文学，探测疑似围绕银河系的超冷氢气。由于两人预测该气体微波十分微弱，所以首先他们要测量其他微波源，比如说，近处的树木、建筑、天空，甚至是探测器本身，等等。然后他们再将这些干扰源剔除，剩下的可能就是需要的微波信号。

　　但当他们把所有干扰源都剔除后，仍有稳定的静电"咝咝"声。

184

这样的微波应当是由一种温度比绝对零度高3摄氏度，即零下270摄氏度的物质辐射产生的。[3] 最开始，两人认为这是纽约市发出的微波，因为纽约正好在霍姆德尔地平线上。但是，当他们将探测器的喇叭口向着天空或者背对纽约市时，噪声依旧存在。然后他们又猜测微波源应该是太阳系中的一些会发出无线波的天体，如木星。但几个月过去了，地球沿轨道绕太阳运转，但噪声依旧稳定不变。彭齐亚斯和威尔逊甚至想过是不是附近核弹试验产生的高速电子飞入大气产生的噪声。然而，这种噪声一直很稳定不随时间改变，这并不符合任何猜测的特征。

最后，无奈的两位天文学家将目光锁定在了两只鸽子上。它们在探测器狭窄的底部建了个鸟巢。因为探测微波用的电子设备也固定在"喇叭"的底部，而设备配置的冷藏器会散发热量。所以鸽子们选择了这个舒适温暖的住处，这是新泽西州严冬的最佳住所。彭齐亚斯和威尔逊发现鸽子们在微波探测器的内部覆盖了一层白色的介电材料，即大家熟知的鸟粪。那么，是不是鸟粪发出的微波造成了这稳定的静电噪声呢？

两位天文学家捕获了鸽子，还附上推荐信把鸽子送往别处安家。然后他们穿上威灵顿长筒靴，拿着结实的扫帚钻进"喇叭口"里收拾干净鸟粪。[4] 但是结果与他们预期相反，稳定的噪声仍旧存在。

直到1965年的春天，两人在天文学上一无所获。一次彭齐亚斯给他一个科学家朋友打电话，忍不住向朋友抱怨他和威尔逊在霍姆德尔遇到的倒霉事，结果他朋友一听这事儿，立马来了精神。他朋友先前听过理论家吉姆·皮布尔斯（Jim Peebles）的演讲，演讲中提到普林斯顿大学正在进行一项实验，旨在探测大爆炸余晖的热量。普林斯顿大学离霍姆德尔只有 30 英里的距离，彭齐亚斯一放下电话，立刻就给皮布尔斯的老板，普林斯顿大学的罗伯特·迪克（Robert Dicke）打了个电话。迪克当时正在办公室里吃便餐，研究小组成员都和他坐在一起。迪克刚放下彭齐亚斯的电话，他扭头告诉他的同事们说道："啊哈，咱们有料啦！"

现在我们已经知道由彭齐亚斯和威尔逊发现的微波辐射与绝对零度以上 2.726 摄氏度发出的辐射相匹配。"大爆炸余晖发出的微波辐射与你家的微波炉发出的微波一样，只是能量要低得多，"史蒂芬·霍金这么解释道，"不过，用它来加热比萨的话，只能加热到零下 271.3 摄氏度。呃，这连解冻都不行，更别提烹饪了！"

彭齐亚斯和威尔逊因发现宇宙背景辐射，证明宇宙起源于大爆炸，从而荣获 1978 年诺贝尔物理学奖。有人问，那两只鸽子后来怎样了呢？呃，鸽子有归巢的习性，所以它们又飞回了霍姆德尔探测器了。没办法，就只能干掉它们了。但是，它们的鸟粪却名垂科学史，广泛流传在各种天文学书本中。这个乌龙应该是物理学史上对鸟粪最大的一次误会。

45

宇宙主宰

每个星系的中心都潜伏着一个巨型黑洞，如黑寡妇蜘蛛一般在暗中虎视眈眈——没有人知道这是为什么

黑洞是自然界中最为完美的宏观事物：它们仅由我们的对于空间和时间的概念构成。

——苏布拉马尼扬·钱德拉塞卡尔（Subrahmanyan Chandrasekhar）

在距我们 2.7 万光年的黑暗的银河系中心，盘桓着一个巨型黑洞，它的质量是太阳的 430 万倍。[1] 它就是人马座 A*，如此大质量的天体与其他一些星系中心黑洞相比，就跟小儿科一样。有些星系中心黑洞质量是太阳质量的 500 亿倍呢。科学家对此有个很大的疑惑：这些黑洞在那干什么呢？

在黑洞的时空里，引力强大到没有任何事物可以从黑洞逃逸，即使是光也不行——所以才那么黑。黑洞是由爱因斯坦广义相对论推导出来的。黑洞周围有个区域叫作"视界"，它是一个虚构的面，表示物质和光无法逃逸的界限。视界之内，时间的扭曲程度极大以至于时间和空间交换了位置。这也是为什么奇点（黑洞中心点，掉入黑洞的所有物质在该点处被挤压到湮灭）是必定存在的。因为，奇点并不是存在于空间里，而是存在于时间里。就像我们不能避免明天的到来一样，奇点也是不可避免的存在。

曾经，黑洞更像是科幻小说里的概念，而不像是真正的科学。即使是爱因斯坦也如此认为，虽然黑洞是他自己的理论推导出来的，但他本人从未相信过黑洞的存在。但是，1971 年美国国家航空航天局的乌呼鲁 X 射线卫星发现了第一个恒星质量级的黑洞，即天鹅座 X-1。事实上，在这之前八年，就已经有人发现了比这个黑洞更为惊人的一类黑洞。

1963 年，荷兰裔美国籍天文学家马丁·施密特（Maarten Schmidt）发现了类星体，它们是新生星系异常光亮的中心。类星体离我们地球十分遥远，它们发出的光几乎要用大半个宇宙年龄那么长的时间才能抵达地球。类星体可算是时间开端的信号灯了。一个典型的类星体能释放出 100 个普通星系（如银河系这样的星系）的能量，但它的尺寸甚至还不到太阳系大小。对类星体而言，如果用核能（恒星的能量源）供能就显得力不从心了。唯一能胜任的能源是，围绕黑洞旋转至掉落黑洞、温度高达几百万摄氏度的物质。这里的黑洞指的可不是恒星质量级的黑洞，而是几十亿倍太阳质量的黑洞。

在施密特这一发现过后很长一段时间里，天文学家都一直认为这种超级黑洞仅仅是宇宙中的异类，只为活跃星系（占星系的 1%，类星体就是其中最为极端的存在）提供能源。但 1990 年发射进入地球运行轨道的美国国家航空航天局哈勃太空望远镜发现，这种认知是错误的。哈勃望远镜清楚地观测到数百个星系中，恒星围绕星系中心旋转的姿态和速度。观测结果表明，超级黑洞不仅存在于 1% 的星系中心，而是几乎存在于每个星系中心。不过，在大多数星系当中，黑洞在耗尽燃料（星际气体和撕裂的星体）之后，便处于蛰伏静止的状态。比如说，我们的人马座 A* 就正在休眠中。

为什么几乎每个星系中心都会有一个超级黑洞呢？超级黑洞是在其母星系之后形成的吗？超级黑洞导致了星系的形成吗？这些都是宇

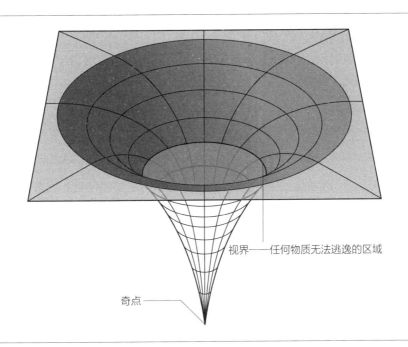

视界——任何物质无法逃逸的区域

奇点——

黑洞就是一个没有底的井。当光掉落黑洞，穿过视界之后，它就再也无法逃逸出黑洞了。光也只能落到中心奇点，被挤压到不复存在。

宙学里尚未得到解答的疑难问题。

科学家们认为恒星质量级的黑洞是由死亡的恒星坍缩形成的，但是超级黑洞的由来一直是个谜。也许，恒星质量级的黑洞在拥挤的星系中心相撞，然后合并成了超级黑洞。又或者是直接由巨型气云收缩形成的。然而，天文学家发现一些超级黑洞在宇宙现在年龄4%（大爆炸后约5亿年左右）的时候就已经达到了太阳质量的几十亿倍。很难想象超级黑洞如何在这么短的时间内形成如此大的规模。

然而，即使超级黑洞对人类而言大到不可思议，但相对它的母星系而言是非常小的，与星系内所有星体质量相比也是轻得可怕。举个例子，星系中心的星体质量是中心黑洞的约1000倍。当然，我们承认超级黑洞和它所在的星系间关系密切，但让人惊讶的是，超级黑洞能影响到其母星系的每一个角落。这就像是一个微小的细菌掌控着纽约市区这么大的区域！

微小的超级黑洞就是靠物质喷流来操控宏大的星系空间。黑洞周围的气体旋转会扭曲磁场，从而产生喷流现象（高速物质流）。喷流从旋转的黑洞向外发散，横冲直撞穿过星系内各恒星，又进入星系之间的太空中。喷流会在那儿形成一个巨型气泡，里面满是炙热的气体。这些巨型气泡是已知宇宙中最大的天体结构。

事实上，这些巨型气泡就是宇宙第一次隐晦地告知科学界超级黑洞的存在。20世纪50年代，射电天文学家利用战时卫星改装而来的设备发现了一个奇怪的现象，一些星系的射电辐射并不是从星系中心核球区域发出的，而是从星系两边巨大的耳垂状气泡发出的。

20世纪80年代早期，位于新墨西哥州的甚大阵射电望远镜（VLA）第一次看清了那些构成这些巨型气泡的高速物质流。那简直是在嘲笑人类科技在加速物质上是多么无能。我们花费了几十亿欧元建成的大型强子对撞机，仅能将约一纳克的物质加速到接近光速，而宇宙喷流在一年内却能将几倍于太阳质量的物质加速到同样的速度。

黑洞喷流能够控制其母星系的结构。在中心区域时，喷流速度极快，能量也高，可以将气态的恒星原材料带出来。就像吹了一口仙气，使恒星的形成成为可能。而到了外围区域，喷流速度减慢形成气体云，物质在引力的作用下形成新恒星。

超级黑洞不仅是开启或关闭恒星形成的开关，它还以其他方式影响着星系。哥伦比亚大学的天体物理学家卡莱布·沙夫（Caleb Scharf）认为黑洞还能决定新生恒星的特征。那些拥有最大超级黑洞的星系，即超巨椭圆星系中，大部分恒星都是红色、低温而长寿的。沙夫认为有证据表明黑洞就是这幕后的操盘手。[2]这样的恒星生产出来的行星几乎不含任何重一点的元素，如碳、镁、铁等生命所需元素。至少有证据表明这样的元素并不存在于这些星体表面。"地球上之所以有生命诞生，全靠咱们银河系中心的黑洞比较小，"他说，"如果不是这样的话，就不会有太阳或地球。"

当我们远望星际，我们能看见各种不同的星系。如果沙夫所言属实，那么那些拥有较小超级黑洞的星系就可能包含着拥有生命的行星。而那些中心超级黑洞很大的星系就不乐观了，里面全是死寂的行星。

黑洞可算是从科学的冷宫里出来了，我们曾经以为它只是少数的异类，但现在我们却认为黑洞在宇宙中扮演着关键的角色。如果不是咱们的银河系有个大小合适的超级黑洞，你都不能看见这段文字呢。

46

反转的引力

大家都认为引力是吸引力，但是，在大部分宇宙空间中引力表现为排斥力

我藐视引力。

———玛丽莲·梦露（Marilyn Monroe）

引力是宇宙间一个物体和另一个物体之间的作用力。举个例子，你和你口袋中的硬币之间有引力作用；你和大街上与你擦肩而过的人之间也有引力作用（虽然这两种情况下，引力都过于微弱，你根本察觉不到）。地球和月球之间有引力作用；太阳与地球之间也有。引力似乎在任何时候都是吸引力。

但是引力并不需要这样表现。

在艾萨克·牛顿的理论中，引力的源头是质量。但是，代替了牛顿理论的爱因斯坦万有引力定律，即广义相对论则阐明引力之源头是能量。质能（质量—能量）才是自然界中最密切相关的能量组合。[1]然而，能量包含很多类别，比如说，电能、光能、化学能、动能、声能等等。所有能量都有引力。也许你会觉得怪异，但承载你声音的空气震动也有引力。根据爱因斯坦的理论，事实的确如此。

还远不止这样。爱因斯坦于 1915 年 11 月，即一战最为白热化之时，在柏林提出广义相对论。如果你再仔细一点思考他的理论，你就会觉得这越发复杂了。是的，引力的根源的确是能量，但说得更精确一点，这里的能量应该是指能量密度，即能量集中的程度。也就是说，引力的根源不单指能量，而是：能量 + 压力。

一个容器内的压力说穿了就是无数气体分子敲打容器壁的平均力量值。再举个例子，气球压力是由气球内部几十亿个气体分子提供

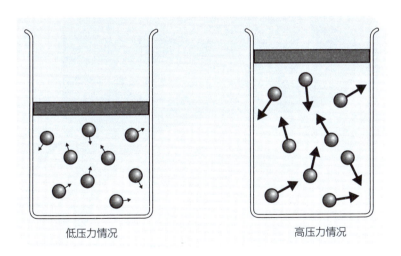

低压力情况　　　　　　　　　高压力情况

容器内气体压力是内部气体分子敲打容器壁的平均力量值。空气分子移动速度越快，压力越大。

193

的。正是因为气体分子们不停敲打着橡皮膜，就像雨滴敲打着铁皮屋顶一样，才让气球膨胀起来。但是，对所有普通物质而言，其压力在其能量密度面前都显得像小儿科似的。想一想氢弹爆炸时释放的能量是多么巨大，但是氢弹也就才几公斤重而已。也就是说，日常生活中，压力作为引力的源头实在是过于微弱，完全可以忽略不计。

但是，假设宇宙中存在着一种地球上未曾见过的新物质，它的压

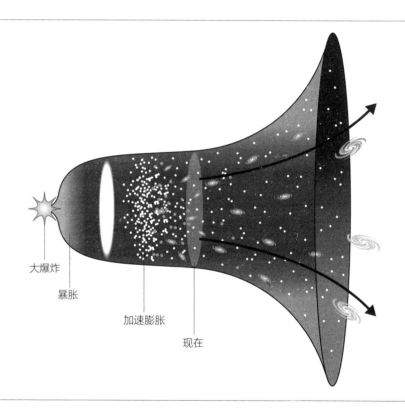

大爆炸

暴胀

加速膨胀

现在

按理说，引力应当会减缓膨胀速度。但神奇的暗能量正在使宇宙加速膨胀，稀释星系。

194

力相比其能量密度而言并不微弱，甚至说它的压力在量级上还大于其自身能量密度，并且它的压力是负压。负压并不是什么稀奇的玩意儿。如果物质拥有正压力，它就会向外推并且表现出膨胀的趋势，而带有负压力的物质则会向内收缩（就像拉伸的橡皮筋要回弹一样）。我要说的正是这么一种物质，它带有负压并且其负压在量级上大于其能量密度，那么在爱因斯坦理论中这种物质的引力（能量＋压力）就会呈现负值。[2] 也就是说，这种物质带有负引力！它并不会吸引其他物质，相反它会将其他物质排斥开。

这种负引力的物质只是一种科幻小说的产物吗？那可不是呢！

宇宙正在膨胀，在大爆炸的余晖中，各星系正在远离彼此，就像飞射的弹片一样。科学家认为，仅有引力这一种力作用于宏观宇宙。引力就像一张布满星系间的隐形弹力网，它会束缚住星系，阻止宇宙膨胀。但是，1998 年天文学家们发现宇宙其实正在加速膨胀，这就与预期相违背。

为了解释这一让人匪夷所思的现象，物理学家假设出暗能量这一概念。暗能量占宇宙总质能的 68.3%，它具有负引力。因此，虽然初高中课堂上老师仍会教导学生们，引力是一种吸引力，但实际上并非如此。在大部分宇宙中，引力表现出排斥力。

47

宇宙之声

2015年9月14日，人类探测到黑洞融合所发出的引力波，它释放出的能量是宇宙星体能量总和的50倍

如果你问我到底有没有引力波这玩意儿，我只能告诉你我不知道。但是这是个非常有趣的问题。

——阿尔伯特·爱因斯坦（Albert Einstein），1936年

女士们，先生们。我们成功了，我们探测到引力波了！

——戴维·赖茨（David Reitze），2016年9月11日

　　路易斯安那州利文斯顿地区附近，有个4000米长的激光探测器。距此处3000千米外的华盛顿州南部汉福德也有个相同的4000米长的激光探测器。东部夏令时2015年9月14日，5点51分，利文斯顿

探测器感受到震动；6.9毫秒之后（不到百分之一秒），汉福德探测器也收到相同的震动。毫无疑问，这就是100年前爱因斯坦推导的引力波，即时空上的波纹。

这个引力波来源于一场惊天动地的宇宙事件。故事发生在距离我们十分遥远的一个星系里，那时候地球上最复杂的生命体还是细菌呢。两个巨型怪兽一般的黑洞相互束缚住了对方，开始死亡旋转，最终拥抱在一起合为一体。相当于太阳质量三倍重量的物质瞬间消失。[1]然后又以扭曲的时空的形式突然出现，如同海啸一般光速向外扩散。

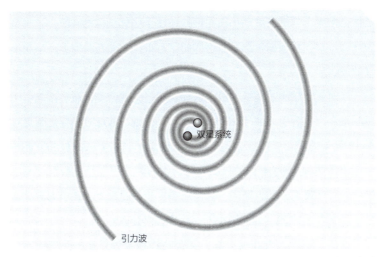

双星系统

引力波

当两个黑洞融合成一个更大的黑洞时，会发出扭曲的时间—空间，如同海啸一般，就会产生引力波。

这些引力波所释放出的能量相当于整个宇宙所有星体50倍的能量。换句话说，如果黑洞融合能发出可见的光芒而不是引力波，那么它要比整个宇宙还大。这是人类观测到的最为宏大的宇宙事件。[2]

物质加速便会产生引力波。你现在挥一挥你的手，你就生产出了引力波，它像湖中的涟漪一般扩散开来。现在，它已经飞出地球了；呃，它已经飞越月球向着火星进发啦。四年之后，你发出的引力波就会穿过离太阳最近的恒星系。我们知道，人马座 α 三个恒星中有一个恒星拥有行星。如果这个行星上有科技文明建设了引力波探测器的话，那么四年之后，他们就能接收到你刚刚挥挥手时在时空上产生的波纹了。

但问题是，你发出的引力波十分微弱。想象一面鼓，我们之所以能轻易地敲动它，是因为它的表面弹力大。但是时空可比钢铁还硬千亿亿亿倍呢！尝试去敲动一面比钢铁还硬千亿亿亿倍的鼓吧！这也是为什么，只有壮烈如黑洞融合这样的宇宙事件才能在时空上产生出明显的波纹。

然而就像湖面的涟漪一般，这种震动很快就会变得微弱平息。当黑洞融合产生的引力波于 2015 年 9 月 14 日抵达地球时，它已然度过了 13 亿年的漫长星际旅途，变得十分微弱。当引力波路过利文斯顿和汉福德两处 4000 米长的探测器时，引力波使探测器交替延伸和收缩——尺寸仅为原子直径的一亿分之一！我们的激光干涉引力波天文台（LIGO）能观测到如此微小的变化也真是让人称奇。

说实话，激光干涉引力波天文台的确是个黑科技。两处探测器现场都有两组直径 1.2 米的中通管道，两组管道拼接成 L 形的探测器。1 兆瓦激光在探测器的真空管道中通行，其真空效果比星际空间还棒。在每一处端口，激光都会被一面 42 千克的镜子反射回来，镜子仅为你头发丝两倍厚度，由玻璃纤维悬挂起来。镜面十分光滑，能反射 99.999% 的光。正是这些悬空的镜子的微小移动，提示着我们有引力波路过。探测器十分灵敏，以至于中国的一场地震都让它失去了平衡。

为了能探测到引力波，激光干涉引力波天文台的科学家们需要完成一项艰巨的任务：测量出 4000 米探测器中产生的 1/100000000000000000000 的变化量。2017 年诺贝尔物理学奖毫无争议地颁发给三位引力波探测实验的先驱科学家：雷纳·韦斯（Rainer Weiss）、基普·索恩（Kip Thorne）和巴里·巴里什（Barry Barish）。[3]

无论怎样形容直接观测到引力波的伟大都不过分。就像是一个人从一出生就听不见任何声响，但突然一天，他听得见美妙的声音了。引力波的发现，对物理学家和天文学家而言就是这种奇妙的感受。一直以来，我们只能看见宇宙，现在我们终于可以倾听宇宙了。引力波就是宇宙的声音。即便说引力波的发现是自从 1609 年伽利略发明望远镜以来，天文史上最为重要的成就也毫不为过。

2015 年 9 月 14 日，我们挑战"听力"极限，听见了微弱的声响如闷雷遥远的轰鸣。但我们还不能将引力波听得更加清晰如林间鸟啼。在过去几年里，激光干涉引力波天文台致力于不断完善设备灵敏度，也有其他探测器在欧洲、日本和印度建成，我们探测引力波的能力必将越来越强。谁又能知道下次我们将在宇宙的交响曲中探听到怎样的秘密呢？

48

口袋中的宇宙
你能将6400万个宇宙的信息储存在一个64 GB容量的U盘里

我对任何男人或女人都说，让你的灵魂在一百万个宇宙面前保持冷静
和镇定。

——沃尔特·惠特曼（Walt Whitman），《自我之歌》

宇宙正在大爆炸的余晖之中膨胀，组成宇宙的星系正在彼此远
离，就像飞射的宇宙弹片一般。也就是说，如果你把宇宙的进程回
放，那么它会越变越小。正如前文所说，宇宙也是量子化的——这意
味着宇宙不仅不可预测，它还是粒子化的。万物皆源自量子，即无法
分割的微小粒子：物质、能量，甚至是太空。所以，如果你能用超级
显微镜以最小的规模为视角观测太空，那么它看上去会有一点像起伏
的棋盘，上面是不能再小的方格。

现在试着想象一下回放宇宙膨胀的进程，宇宙会缩小，也就是说棋盘会缩小，但是棋盘上的方格却不能变得更小。因此，方格只能越来越少。事实上，宇宙诞生初始，即暴胀期时，宇宙棋盘上仅有约1000个方格。也就是说，那时的宇宙仅有1000个位置，可以选择放置或者不放置能量。如果你懂一点电脑知识，你就明白这意味着在宇宙暴胀时期，宇宙的信息仅由1000位二进制（0或者1）表达。我钥匙环上挂了个64 GB的U盘，也就是640亿比特。也就是说我可以用这个U盘储存6400万个宇宙呢！

然而时至今日，如果想表达整个宇宙那可就复杂了。我们需要记录下每个原子的种类、位置，原子里每个电子的能量状态，等等。现在如果要用二进制表达宇宙，可不是1000比特就够了，那得需要10^{89}比特呢。所以问题来了：如果宇宙初始之时如此简单，所含信息如此之少，那么这些爆炸式的信息量是从哪里来的呢？为什么会出现星系、恒星、原子呢？为什么会有苹果手机、彩虹和玫瑰呢？

一个简单的现象里就蕴含着解开这个谜题的关键线索：你映在窗户上模糊的倒影。从你家的窗户往外望去，你可能会看见往来的车辆，树在微风中摇曳，小狗跟着主人走过。但是重要的是，你会看见你的脸模糊地出现在玻璃上。为什么脸是模糊的呢？因为约95%的光能通过窗户，仅有5%的光会反射回来。

在20世纪初期，人们很难理解这种现象。那时，科学家们发现光束是由一颗颗的叫作光子的微粒组成的，每个光子都一模一样。但是，如果光子都一模一样的话，那窗户玻璃应该对所有光子都有相同的效果呀！光子应该全部穿过玻璃，或是全部被反射回来。

只有一种方法能解释为什么95%的光子穿过玻璃，5%的光子被反射回来：每个光子都有 95% 的概率穿过窗户，5% 的概率被反射回来。这就意味着，如果你一直跟踪一个光子，看它朝着窗户飞去，你并不知道它会穿过玻璃还是被反射回来。你只能知道光子这么做的概率，或是那么做的概率。但是，光子到底会怎么做，谁也不能预测。

光子就是这样不可预测，其他亚微观世界的成员也是如此：原子、电子、中微子、每一种微粒。在微观世界里，宇宙是不可预测、完全随机的。这可以算得上是科学史中最为让人惊讶的发现了。事实上，这让爱因斯坦极为不安，他说了句名言："上帝不掷骰子。"（虽然没有爱因斯坦这句话那么有名，但量子物理学家尼尔斯·玻尔曾反驳道："快别教上帝怎么掷骰子了。"）但是，爱因斯坦不仅错了，他还错得离谱。

信息的增加是完全随机的。举个例子，我说个不随机的数字，比如一亿个 1，那么我能传达给你的信息就只有几个字："一亿个 1。"这里面包含的信息非常少。但是，如果说个一亿位的随机数字，要告诉你这个数字的意义，我必须重新计算一亿位里面的每一位数字，那么这个里面就能包含很多信息了。

那么，我现在开始回答前文那个难题了。宇宙中这些井喷式海量的信息从什么地方来的？自大爆炸起，每一次量子的随机活动都增加了宇宙的信息。每当一个原子释放出一个光子——或者没有释放出任何光子——宇宙的信息就增加一点；每当一个原子核分裂——或者没有分裂——宇宙的信息就又增加一点。

事实不仅仅是爱因斯坦口中的上帝的确掷了骰子那么简单，而是如果他不掷骰子的话我们的宇宙就根本不会存在——至少不是可以创造出人类的复杂宇宙，那么你现在也不可能读到这段文字了。我们生活在一个随机的现实里，而我们的宇宙正是由量子掷骰子产生的。

49

宇宙信用卡
信不信由你，但我们可能生活在巨型的全息影像中

有这么一个理论说的是，如果有任何人发现了宇宙究竟为何物以及宇宙为何存在的话，那么在那一瞬间宇宙就会消失并由另一个更为怪异且费解的宇宙代替。另一个理论说，上述事件已然发生过。

——道格拉斯·亚当斯（Douglas Adams）[1]

如今的信用卡上通常会贴着一张全息图——三维事物在二维上的全面表达。宇宙就如同是一场虚幻的全息投影，这样的理论听上去就像是科幻小说。但是，有越来越多的证据表明这个理论没准儿是真的。有趣的是，第一个线索来源于对黑洞而不是宇宙的思考。

黑洞是大质量恒星的生命终点。当恒星的能源耗尽，恒星内部再也不能产生足够的热量抵抗引力的坍缩力量时，恒星就开始灾难性地

坍缩。恒星的引力也将随之增强，直到包括光在内的任何事物都无法逃逸。

然而，1974年霍金发现了黑洞的一些别人从未料想到的奇妙之处：黑洞并不是完全的黑。

当时，霍金在思考黑洞的视界问题，即包括光在内的任何物质无法逃逸的界限。他又思考了一下原子理论和原子结构。量子理论中，真空并不是真正的空无一物。与之相反，真空其实是量子起伏的海洋，即亚原子以及其反粒子从虚空中创生。[2]虽然，能量守恒定律认为能量既不能凭空产生也不能凭空湮灭，但是，量子理论却同意它们这么干，只要是粒子和反粒子创生后在短时间内又相互湮灭。由于这样的粒子存在时间十分短暂，我们就叫它们为"虚粒子"。

霍金发现黑洞视界对我们发出各种暗示，说那里有虚粒子—虚反粒子对不断创生又湮灭。但是，在黑洞视界上会发生意想不到的事情。一对正反粒子中的虚粒子可能会坠落进黑洞，而另一个则可能恰好逃逸出黑洞。逃出的那个虚粒子由于找不到伙伴一起湮灭，于是这个虚粒子就不再是个短命鬼啦；它就从虚粒子变为粒子了。当然，想要让这颗虚粒子变为真正的粒子，就必须得找个冤大头提供能量才行。霍金发现，正是黑洞为虚粒子提供了能量。

这种粒子的逃逸现象就是霍金辐射，正是霍金辐射导致黑洞消耗能量渐渐蒸发，以至于黑洞最后会完全消失。

虽然恒星质量级的黑洞要蒸发自己，都得花上比宇宙年龄还长得多的时间，但是，霍金辐射仍给物理学界带来一个难题。黑洞是高度蜷缩弯曲的时空，一旦它蒸发殆尽，那就是什么都不剩下了。那么问题来了：关于产生黑洞的原恒星的所有信息，比如恒星坐标，恒星上

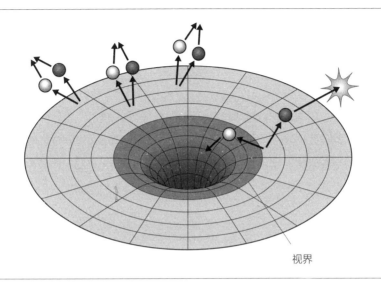

视界

量子理论允许电子—正电子对从虚空中创生而后湮灭。然而，在黑洞附近可能出现这样的情况，电子对中的一位成员坠入了黑洞，而另一个却以"霍金辐射"的形式逃逸出去了。

所有原子、电子的类型等信息去哪儿了呢？毕竟，物理学基本定律规定，物质信息既不能创生也不会消失。[3]

解决难题的线索来自视界本身。1972 年，以色列物理学家雅各布·贝肯斯坦（Jacob Bekenstein）发现视界的熵庞大而费解。熵是一个物理量，用于描述微观世界的混乱程度。1999 年诺贝尔奖得主，荷兰物理学家赫拉德·特霍夫特（Gerard't Hooft）认为，也许事实与广义相对论相反，黑洞视界可能并不是平滑的，而是在微观角度上看上去十分不规则，像是微型的山川地貌。原恒星的信息或许正是储存在视界上这些起起伏伏的包块和凹陷中。随着黑洞的逐渐蒸发，视界上凹凸不平的密码将信息加载在霍金辐射中传播出来，正如电台的载波记载着音乐和故事一样。如果事实真是如此，那么即使黑洞完全蒸发掉了也不会导致任何信息丢失。黑洞将所有信息以一种更为晦涩难懂的形式还给宇宙了。

天体，比如黑洞，往往是通过视界与宇宙联系的。宇宙诞生至今有 138.2 亿年的时间，那么，我们只能看见那些光能在 138.2 亿年内到达地球的天体。这就是宇宙光视界。宇宙光视界之外的天体发出的光则需要超过 138.2 亿年的时间才能抵达地球。我们看不见它们，因为它们的光现在还在半路上呢。

特霍夫特以及另一位美国物理学家李奥纳特·苏士侃（Leonard Susskind）分别提出同一想法。正如描述三维恒星的信息是储存在黑洞视界上一样，描述宇宙的信息也许同样储存在宇宙视界上。这就意味着我们看见的宇宙不过是全息影像。起码在某种意义上可以说，我们的宇宙就是由宇宙视界上的二维信息投射出的三维影像。你、我还有宇宙万物皆为全息图像。

这种说法听上去似乎缥缈模糊到让人生疑。但是，1998 年阿根廷裔美国籍物理学家胡安·马尔达西那（Juan Maldacena）发表了一篇阐述了我们生活在"全息宇宙"这一现象的论文。整个物理学界都为之兴奋。马尔达西那发现，宇宙视界上的量子理论，可以在边界范围内创造出一个遵照广义相对论运转的宇宙。这一观点暗示了量子理论与广义相对论之间的关系，而这正是科学家们长期以来梦寐以求的，难怪马尔达西那的论文在过去 20 年里成为被引用次数最多的论文；不仅如此，该论文还将特霍夫特和苏士侃的推测——"宇宙是一幅全息图像"这一猜想提升到有理有据的高度。[4]

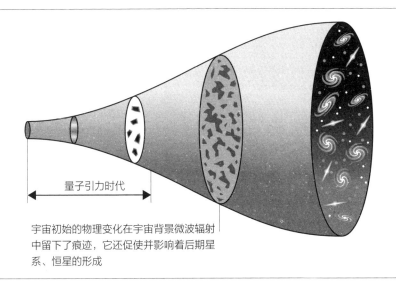

量子引力时代

宇宙初始的物理变化在宇宙背景微波辐射中留下了痕迹，它还促使并影响着后期星系、恒星的形成

量子理论用于阐述微观世界，广义相对论用于叙述宏观世界。然而大爆炸时，现在的宏观宇宙还是微观的尺寸。因此，我们需要用量子引力来描述那时的宇宙。

唯一美中不足的是，马尔达西那推导出了一个怪异的时空，称为反德西特空间（anti-de Sitter space）。爱因斯坦认为时空因为物质的存在而扭曲。然而，反德西特空间与我们认知中宇宙的扭曲方式不一致。目前摆在物理学家面前的挑战就是，他们需要证明马尔达西那推导的结果仍对我们宇宙的普通空间适用，这样才能拨开迷雾证明我们的确生活在全息图像中。

50

隔壁的宇宙
深邃的宇宙之中，有无数个你正在读着这句话呢

面对平行宇宙时，你应当记住两件事。其一，它们并不是平行的；其二，它们也并不是宇宙。

——道格拉斯·亚当斯（Douglas Adams）[1]

在十分遥远的宇宙深处，有个与咱们银河系十分相似的星系，里面有颗看上去和太阳一样的恒星。而且，该恒星的第三颗行星也与咱们的地球十分相似。这颗行星上居住着一个与你相同的人。他/她就如你的孪生兄弟/姐妹一样，你们不仅长得一模一样，巧的是此时此刻你们还正在读着同一句话……我接下来要说的比这更加怪异。事实上，有无数个星系正好和太阳系完全相同；还有无数个你，截至此时此刻，你们的人生完全相同。

你的这些翻版生活在可观测宇宙之外。也许你会觉得我在给你讲科幻故事。但事实上，按照宇宙学标准理论和物理学标准理论推算的话，这是不可避免的结果。如果你能在宇宙中旅行到足够远的地方，你就不可避免地会碰上另一个你。事实上，我们甚至能计算出，如果要去拜访离你最近的另一个你，你需要走多远的路。答案是：约 $10^{10^{28}}$ 米。

　　这个距离长到怕是你不好理解。我稍微解释一下。10^{28} 指的是 1 后面 28 个零，也就是万亿亿亿。而 $10^{10^{28}}$ 就是指 1 后面有万亿亿亿个零。这个距离比目前世界上最先进的望远镜可以观测到的距离还要远得多呢。但你不必过于纠结这个距离。你的关注点不应该落在这个庞大无比的数字上；你应该关注的是居然真的有另一个你存在呢！

　　正如我先前告诉你的，这就是宇宙学标准理论推导出的必然结果。这给科学家们提供了一个很好的线索，以便他们推测可观测宇宙之外的世界是什么样的。但是，话又说回来，可观测宇宙究竟是个什么呀？有可观测宇宙的话，那换言之就有不可观测宇宙吧。那为什么我们不能看见完整的宇宙呢？

　　这有两点原因：光速的有限性以及宇宙并不是永恒存在的。[2] 因为世间万物——物质、能量、空间甚至时间——都是起始于 138.2 亿年前的宇宙大爆炸。于是我们只能观测到光能在 138.2 亿年内抵达地球的天体。那些光需要长于 138.2 亿年才能抵达地球的天体，我们是看不见的，它们的光还在来的路上呢。也就是说，望远镜只能展现以地球为中心一定范围内的星系（约有 2 万亿个）。这就是可观测宇宙。

　　可观测宇宙是以视界为边界的。这就像是你看海的时候，只能看见远处的地平线为止。但你清楚地知道，在地平线以外仍有海洋漫

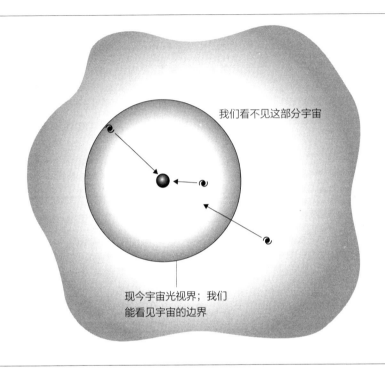

我们看不见这部分宇宙

现今宇宙光视界；我们
能看见宇宙的边界

在宇宙光视界以内包含着可观测宇宙，范围内的星系光在自大爆炸以来，
138.2 亿年内能抵达地球。

延；那么同理，在宇宙的光视界之外也有更大的宇宙（曾经宇宙的扩
张，即膨胀的速度远快于光速。在宇宙诞生初始的瞬间，视界就膨胀
到 420 亿光年之外了）。[3] 那么，视界之外又是怎样的世界呢？

宇宙标准模型中包含了初始阶段暴胀时期，根据宇宙标准图信
息，可观测宇宙范围之外有着无限的空间。[4] 你可以想象我们的可观
测宇宙（2 万亿星系）就像禁锢在肥皂泡里一样。在这个肥皂泡之
外，还有无数个尺寸相似的肥皂泡。那么，其他肥皂泡里又是怎样的

光景呢？

　　每个肥皂泡里都一样经历过我们宇宙的大爆炸——其实是有一点相似的大爆炸。但是，大爆炸后冷却的残骸中却会产生出不同的星系，恒星以及行星。科学家们认为这是因为宇宙诞生初始瞬间的微观真空量子卷积在幕后操控着宏观宇宙的构架。和所有量子世界一样，宏观宇宙的规模和天体位置都是任意随机的。也就是说，如果真是如此的话，就会有无数个宇宙存在，每个还都不一样。或者换句话说，可能会存在无数个不同的宇宙历史。每个宇宙历史都在无垠的宇宙深处那属于自己的肥皂泡里演绎着各自的故事。

　　然而，事实还不止这么简单。我们继续聊。

　　量子理论是我们用于描述微观世界最为优秀的定律，该理论认为宇宙归根结底是粒子的世界。这意味着，如果能将宇宙的空间一分为二，再一分为二，一直这么下去，那么到最后宇宙的空间将不能再被分割。不能再分割的极小空间被称为普朗克尺度，就像是三维的棋盘。正如我们下棋用的棋盘一样，用来放置棋子的格子数量有限。同理，在宇宙诞生初期，能安置量子卷积的位置也是有限的。也就是说，宇宙初始时，微观世界的量子卷积只能采取有限的手段来创造宏观宇宙中星系团的模样。这意味着，仅有有限数量而不是无限数量的宇宙历史。

　　如果不同宇宙历史的数量是有限的，但是宇宙的数量却是无限的，这就意味着，一段相同的宇宙历史不会仅上演一次，而是会上演无数次。正如文章开篇讲到的那样，无垠的宇宙中有无数个你正在读相同的书，相同的文字——你们都在读着同一句话。然而，同时也有无数个唐纳德·特朗普并没有当上美国总统。有无数个世界的恐龙并

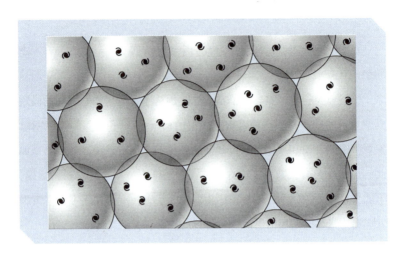

在我们的可观测宇宙这个肥皂泡之外，可能还有无限个其他的宇宙肥皂泡。它们有着彼此不同的宇宙历史，里面的星系和恒星也不尽相同。

没有在 6600 万年前的小行星撞地球时灭绝，它们继续进化，变得越来越聪明，甚至开上了小轿车。

你或许很难接受这样无尽重复的世界。但宇宙学家比如马萨诸塞州塔夫茨大学的亚历山大·维兰金（Alexander Vilenkin）面对这个事实时就很冷静。他认为，大自然会将一颗恒星作为模板不断而又浪费地处处复制。既然这都是合理的，那么，宇宙同样如此操作，怎么就不在情理之中了呢？

我在这里还得再强调一下。无垠的空间中包含着无数的宇宙，每个宇宙都各自上演着自己的历史，这是宇宙学标准模型和物理学标准定律（量子理论）共同推导出来、不可避免的结果。当然，这两个理论如果哪个有问题，又或者两个都是错的话，那就不好说了。

也许你会觉得以上科学理论让人深受困扰。但我本人却并不讨厌。为什么呢？呃，就算你认为这本书是你读过最为枯燥无聊的书，读了简直就是倒了八辈子霉，我仍然可以安慰自己说，在其他无限个宇宙当中，无数个你会认为这本书是你读过最为精彩绝伦的书，读来真是三生有幸。你还会买很多本作为礼物，送给你的七大姑八大姨、邻居小妹还有外卖小哥！

鸣谢

感谢以下人士在我写书过程中，给予我帮助、启发以及鼓励：凯伦、乔斯·坦索尔、费莉希蒂·布莱恩、米歇尔·托柏姆、曼吉特·库马尔、戴夫·霍夫、莫妮卡·霍普，以及帕特里夏·希尔文。

注解

第一部分　关于生物学的故事

1　生命共同体

1. 细胞是一小包黏稠状物体，内部结构复杂如城市一般运转。它是"生物界的原子"。一切生物体皆由细胞组成。就人类目前所知，没有非细胞体的生物。

2. 近几年来，科学家发现 DNA 是生物体生命蓝图这一说法并不全面。生物学家惊讶地发现人类 DNA 代码中仅含有 24000 个基因（基因包含制造"蛋白质"的信息：这些大分子结构就像万能的瑞士军刀一般，可以进行多种任务，如加速化学反应、支持细胞工作等等），但这并不足以定义人类的所有蛋白质需求。事实上基因是以一种让人困惑的复杂方式，由其他基因控制环境中化学成分的多寡，从而开启或关闭另一个基因。这意味着，人类染色体组在胚胎的不同时期，读写的方式也不同——因此，人类染色体组看上去像是多于24000 个基因。

3. 腺嘌呤（A）、鸟嘌呤（G）、嘧啶嘌呤（C）及胸腺嘌呤（T），这些分子被称作"碱基"。它们是构成巨型 DNA 分子"双螺旋"结构的基础。三个碱基为一组代码，定义每种不同的氨基酸——举个例子，TGG 这组代码是指色氨酸。氨基酸是组成蛋白质的基本单元。

4.《水母与蜗牛》(*The Medusa and the Snail*，企鹅兰登出版社，1995)，作者：刘易斯·托马斯 (Lewis Thomas)。

2　猫鼠游戏

1.《性别战争》(*Dr Tatiana's Sex Advice to all Creation*，古典书局，2003)，作者：奥利维亚·贾德森 (Olivia Judson)。

2. 组成生物体的信息编码储存在脱氧核糖核酸 (DNA) 里。DNA 是每个细胞里的双螺旋分子。DNA 延展开来，其中编码一种蛋白质的成为一个基因。蛋白质是细胞中辛劳工作的员工，它是种大分子，由氨基酸组成。

3.《新进化理论》(《进化理论》卷 1，第 1 页，1973)，作者：L. 范瓦伦 (Leigh Van Valen)。

4.《红皇后：性与人性的演化》(*The Red Queen: Sex and the Evolution of Human Nature*，企鹅兰登出版社，1994)，作者：马特·里德利 (Matt Ridley)。

5.《与红皇后赛跑：有性繁殖中宿主 – 寄生虫共同进化》(*Running with the Red Queen: Host–Parasite Coevolution Selects for Biparental Sex*，《科学》卷 333，第 216 页，2011)，作者：利维·T. 莫兰 (Levi T. Morran) 等。

3　氧气戏法

1.《蜡烛的故事》(*Griffin, Bohn & Co.*,1861)，作者：迈克尔·法

拉第（Michael Faraday）。

2. 液态氢和液态氧反应释放的能量不足以将燃料自身重量和火箭金属蒙皮重量一起送入太空。这也是为什么火箭需要分级制造的原因。当火箭升入一定高度之后，火箭将抛弃一部分壳体减少自身重量。其燃料才能继续让火箭升入太空。

3. 原子中的电子是被安排在"电子层"里的，每层都有电子数上限。原子总是尽力让自己的电子层完整。氢原子可以通过失去一个电子（它本来就只有一个电子）达到这种状态；氧原子则需要抢夺两个电子。这也是为什么氧原子会从两个氢原子那儿掠夺来两个电子。当两个氢原子各失去一个电子，而一个氧原子得到两个电子的时候，能量最低，也是最为理想的状态。相当于小球处于山脚下。

4. 质子约是电子重量的 2000 倍，它是组成原子核两大材料之一。另一大材料是中子。除去氢原子核只含有一个质子以外，其他所有原子的原子核都含有质子和中子两种粒子。

5. 你可能会天真地以为，电子会钻进质子中然后带领质子穿过细胞膜上的孔。但实际上是，电子改变了蛋白质的形状——蛋白质没有电子时是一种形态，有电子时是另一种形态。正是这种形态的改变，迫使质子穿过细胞膜。

4　七年之痒

1.《甜蜜的梦：意识的哲学障碍》（*Sweet Dreams: Philosophical Obstacles to a Science of Consciousness*，麻省理工学院出版社，2006），作者丹尼尔·丹尼特（Daniel Dennett）。

2.《细胞生命的礼赞》（*The Lives of a Cell*，企鹅兰登出版社，

1978），作者：刘易斯·托马斯（Lewis Thomas）。

3.《宇宙：私人旅途》（*Cosmos: A Personal Voyage*，公共广播公司出版社，1980），作者：卡尔·萨根（Carl Sagan）、安·德里安（Ann Druyan）及史蒂文·索特（Steven Soter）。

4.《人类细胞的秘密》（*The Secrets of the Human Cell*，《新闻周刊》，1979 年 8 月 20 日，第 48 页），作者：彼得·格温（Peter Gwynne）、沙龙·贝格丽（Sharon Begley）及玛丽·汉格（Mary Hager）。

5. DNA，即脱氧核糖核酸，它是巨型生物分子以编码的形式记录细胞蛋白质的构架。

5　与异类共生

1.《人体内细菌细胞数量估算校订版》（*Revised Estimates for the Number of Human and Bacteria Cells in the Body*，《美国科学公共图书馆生物》，2016 年 8 月 19 日，网址：https://doi.org/10.1371/journal.pbio.1002533）。

2. NIH 人体微生物项目（网址：https://hmpdacc.org）

3.《阿尔茨海默病肠道微生物改变》（*Gut Microbiome Alterations in Alzheimer's Disease*，网址：https://www.nature.com/articles/s41598-017-13601-y），作者：尼古拉斯·沃格特（Nicholas Vogt）等。

6　可有可无的大脑

1. "小海鞘在大海里漂荡，要找一个可以依靠的石头来安家。完成这项任务，它需要基础的神经系统。当它终于找到地方安顿下来之后，它就不再需要大脑了。于是，小海鞘就把自己的大脑吃掉啦。这就像是一些人获得终生职位之后干的事。"

《意识的解释》（企鹅兰登出版社，1993），作者：丹尼尔·丹尼特。

2.《来见识一下吃掉自己大脑的生物吧！》（*Meet the Creature that Eats Its Own Brain* ！，网址：https://goodheartextremescience.wordpress.com/2010/01/27/ meet-the-creature-that-eats-its-own-brain），作者：史蒂芬·古德哈特（Steven Goodhart）。

3.《"电"脑》（美国公共广播公司 NOVA 系列科普节目，2001 年 10 月 23 日：www.pbs.org）。

4.《心智社会》（*The Society of the Mind* ）（口袋书出版社，1988），作者：马文·明斯基（Marvin Minsky）。

5.《记忆的殿堂：我们如何在脑中构架世界》（*In the Palaces of Memory: How We Build the Worlds Inside Our Heads*，古典书局，1992），作者：乔治·约翰逊（George Johnson）。

6.《大脑缩小会使人变得更聪明吗？》（*Are Brains Shrinking to Make Us Smarter?*，2011 年 2 月 6 日：https://phys.org/news/2011-02-brains- smarter. html），作者：简·刘易斯（Jean Louis）。

7.《人类（可能）如何驯服自己》（*How Humans (Maybe) Domesticated Themselves*，《科学新闻》，2017 年 7 月 6 日：https://www.sciencenews. org/ article/how-humans-maybe-domesticated-themselves），作者：艾丽卡·恩格豪普（Erika Engelhaupt）。

8. 引用自《人类价值观的生物根源》（劳特利奇和基根·保罗出版社，1978）中爱默生·M. 皮尤儿子的话，作者：乔治·E. 皮尤（George E. Pugh）。

第二部分　关于人类的故事

7　交流，交流，交流

1. 人族这一术语包括现代人类，以及灭绝了的人类祖先近亲（包括人属、南方古猿、傍人及始祖地猿）。

2. 大型群体对于农作物的依赖，使其容易遭受农作物歉收带来的饥荒。且人口聚集密度大使传染病发展迅速——特殊情况下导致灾难性的后果。

8　祖母的选择

1.《更年期的来源：为什么女性在寿终正寝前会先绝经？》(*The Origin of Menopause: Why Do Women Outlive Fertility?*，《科学美国人》，2018 年 4 月 3 日)，作者：塔比瑟·珀利基 (Tabitha Powledge)。

9　失落的部落

1.《枪炮，病菌与钢铁：人类社会的命运》(古典书局，1998)，作者：贾雷德·戴蒙德 (Jared Diamond)。

2. 获取更多内容，请参见《完美世界》(费伯出版社，2014)，作者：马库斯·乔恩 (Marcus Chown)。

3.《以色列出土非洲以外最古老的人类化石》(*Oldest Known Human Fossil Outside Africa Discovered in Israel*，《卫报》，2018 年 1 月 25 日：https:// www.theguardian.com/science/2018/jan/25/oldest-known-human-fossil-outside-africa-discovered-in-israel)，作者：汉娜·德福 (Hannah Devlin)。

4.《尼安德特人的 DNA》(*Neandertal DNA* ,《考古学》卷50，第 5 节，1997 年 9/10 月)，作者：马克·瑞思 (Mark Rose)。

5.《尼安德特人创作的最为古老的壁画》(*Neanderthal Artists Made Oldest-Known Cave Paintings* ,《自然》，2018 年 2 月 23 日：https:// www.nature. com/articles/d41586-018-02357-8)，作者：艾玛·戴维斯 (Emma Marris)。

6.《古人类学：最后一个尼安德特人》(*Palaeoanthropology: The Time of the Last Neanderthals* ,《自然》卷 512，第 260—261 页，2014 年 8 月 21 日：https://www.nature.com/articles/512260a)，作者：威 廉·戴维斯 (William Davies)。

7.《尼安德特人基因组草案》(*A Draft Sequence of the Neandertal Genome* ,《科学》卷 328，第 710 页，2010 年 5 月：http://science. sciencemag.org/content/328/5979/710.full)，作者：理查德·格林 (Richard Green) 等。

10 错失良机

1.《尼尔·阿姆斯特朗传奇照片：登月第一人访谈》(*Neil Armstrong's Photo Legacy: Rare Views of First Man on the Moon* ，太空网： 2012 年 8 月 27 日：https://www.space.com/17308-neil-armstrong-photo- legacy-rare-views.html)，作者：罗伯特·铂尔曼 (Robert Pearlman)。

2.《登月的人——尼尔·阿姆斯特朗标志性照片》(*Man on the Moon - Neil Armstrong's Iconic Photograph* ,《业余摄影师》，2017 年 8 月 24 日：http://www.amateurphotographer.co.uk/iconic-images/moon- iconic- photograph-neil-armstrong-18051)。

3.《对月球过敏的阿波罗宇航员》(*The Apollo Astronaut Who Was Allergic to the Moon*,《心理牙线诙谐杂志》，2017 年 2 月 6 日：http://mental oss.com/article/91628/apollo-astronaut-who-was-allergic-moon)，作者：卢卡斯·瑞利（Lucas Reilly）。

4.《利特里的足迹》(*The Footprints at Laetoli*，网址：http://www.getty.edu/conservation/publications_resources/ newsletters/10_1/laetoli.html)，作者：内维尔·阿格纽（Neville Agnew），玛莎·德玛斯（Martha Demas）。

第三部分 关于地球的故事

11 大自然的字母表

1.《范曼物理学讲义》(*The Feynman Lectures on Physics*，卷 2，第 1—10 页，艾迪生韦斯利出版社，1989)。

2. 此时，科学家们已经知道原子是由更加微小的粒子组成的——普遍认为电子是最小粒子；而中子和质子是由夸克构成——但科学界仍认可原子是组成自然界万物的基本元素。

13 大撞击

1. 小行星是绕太阳运行的小型岩石天体。大部分小行星处于火星和木星轨道之间。最大的小行星为谷神星，发现于 1801 年 1 月 1 日，直径为 946 千米。由于小行星间相互碰撞或受木星巨大引力影响，小行星可能从运行轨道上弹出。如果小行星轨道与地球轨道交叉，那么它对地球就有严重的潜在威胁。

2.《车里雅宾斯克：给地球的警示》（*Chelyabinsk Meteor: Wake-Up Call for Earth*，太空网，2016 年 8 月 2 日：https://www.space. com/33623-chelyabinsk-meteor-wake-up-call-for-earth.html），作者：伊丽莎白·豪厄尔（Elizabeth Howell）。

3.《白垩纪 - 第三纪生物灭绝的外星原因》（*Extraterrestrial Cause for the Cretaceous-Tertiary Extinction*，《科学》卷 208，第 1095 页，1980 年 6 月 6 日：http://science.sciencemag.org/content/208/4448/1095），作者：路易斯·沃尔特（Luis Alvarez）等。

4.《为何恐龙灭绝而其他生物欣欣向荣》（*Why Some Species Thrived When Dinos Died*，《科学》，2013 年 7 月 24 日：http://www. sciencemag.org/news/2013/07/why-some-species-thrived-when-dinos-died），作者：思迪·帕金斯（Sid Perkins）。

5.《小行星撞击地球改变了地球生命进程：小概率大撞击》（*Site of Asteroid Impact Changed the History of Life on Earth: the Low Probability of Mass Extinction*，《自然科学期刊》卷 7，第 14855 号，2017 年 11 月 9 日：https://www.nature.com/articles/s41598-017-14199-x），作者：高野开合（Kunio Kaiho），大岛昌岗（Naga Oshima）。

14　阳光的秘密

1. 事实上，由于温室气体二氧化碳的作用，一小部分热量被锁在大气层内。二氧化碳是化石燃料燃烧的副产物，能造成地球变暖。

2. 绝对零度是能达到的最低温度。当物质温度下降，其原子活跃度将随之降低。绝对零度，即零下 273.15 摄氏度。当物体温度达到绝对零度时，所有原子将停止活动（这种说法其实也不是完全正确，由于海森堡不确定性原理，即使物体温度到达绝对零度，仍将有残留量子活动）。

3.《驱动宇宙的四种法则》(*Four Laws that Drive the Universe*，牛津大学出版社，2007)，作者：彼得·阿特金斯（Peter Atkins）。

第四部分　关于太阳系的故事

16　太阳杀手

1.《三》(*The Three*,，英国豪德 & 斯托顿出版公司，2015)，作者：萨拉·洛茨（Sarah Lotz）。

2. 太阳耀斑会扭曲地球磁屏蔽，使本该只落在两极的太阳粒子得以肆虐地球的任何地方。太阳粒子与大气中原子的碰撞使这些原子发光并产生极光。

17　万年前的光

1. 事实上，光子每一次由于太阳内部的自由电子而偏离航向，即散射，光子都会损失一定能量。因此，虽然太阳中心因核反应产生高能量伽马射线光子，但等它们抵达太阳表层，即光球层时，它们已经变成低能量的可见光了（光子丢失的能量使太阳发热）。如此，耗时 30000 年从太阳中心抵达太阳表面的光子已然不是 30000 年前开始旅程的光子了。

18 自由落体简史

1.《生命，宇宙和万物》（*Life, the Universe and Everything*，骑马斗牛士出版社，2002），作者：道格拉斯·亚当斯（Douglas Adams）。

2. 事实上，月球是以下落的轨迹绕地球运行的。但是，下落的趋势正好恰当，于是轨迹就呈现为圆形。

3. 事实上，这是 1915 年，爱因斯坦得以发现爱因斯坦万有引力定律，即广义相对论的关键物理现象。

4.《引力下降》（*The Ascent of Gravity*，威登菲尔 & 尼克尔森出版社，2018），作者：马库斯·乔恩。

5.《原理》的完整书名为《自然哲学的数学原理》（原名 *Philosophiæ Naturalis Principia Mathematica*，英文名 *The Mathematical Principles of Natural Philosophy*），本书于 1687 年 7 月 5 日分两卷出版。

19 那个尾随地球的天体

1. 拉格朗日点是太阳系中五个点，天体在这些点上时其引力和离心力相平衡。所以，理论上讲，当天体处于拉格朗日点时，将永远按原轨道运行。

2. 见第 12 章《伸缩的岩石》。

3.《月亮的悲剧》（*The Tragedy of the Moon*）（德尔出版社，1984），作者：艾萨克·阿西莫夫（Isaac Asimov）。

20 来吧，挤压我吧

1. 见第 12 章《伸缩的岩石》。

21　神秘六边形

1.《土星北极六边形风暴的实验模型》(*A Laboratory Model of Saturn's North-Polar Hexagon*,《伊卡洛斯期刊》卷 206，第 755 页，2010)，作者：巴博萨·阿荃尔 (Barbosa Aguiar) 等。

2.《大气喷流模拟土星北极六边形风暴》(*Meandering Shallow Atmospheric Jet as a Model of Saturn's North-Polar Hexagon*,《天体物理期刊》卷 806，编号 1，2015 年 6 月 10 日)，作者：劳尔·莫拉莱斯 (Raúl Morales-Juberías) 等。

22　看不见的，看见了

1. 事实上，他称它为"乔治星"。

2. 英国人约翰·库奇·亚当斯和勒威耶分别预言了海王星的存在。当两人终于见面后便建立了坚定的友谊。现今人们认为发现海王星的殊荣应由亚当斯和勒威耶共享。

3. 见《捕获瓦肯星：爱因斯坦是如何毁灭一颗星球并破译宇宙密码的》(*The Hunt for Vulcan: How Albert Einstein Destroyed a Planet and Deciphered the Universe*，伦敦宙斯之首出版社，2016)，作者：托马斯·利文森 (Thomas Levenson)。

23　指环王

1.《土星环的密度波》(*Density Waves in Saturn's Rings*，今日宇宙网，2004 年 11 月 10 日：https://www.universetoday.com/10034/density-waves-in-saturns-rings/)，作者：弗雷泽·凯恩 (Fraser Cain)。

24 星际之门

1.《2001 太空漫游》中戴夫·鲍曼进入大石门之前说的最后一句话（英国奥比特出版社，2001），作者：阿瑟·C. 克拉克（Arthur C. Clarke）。

2.《土卫八秘密探究》（*Solving the Mystery of Iapetus*，《地球物理学期刊》卷 33，第 L16203 页：https://arxiv.org/pdf/astro-ph/0504653. pdf），作者：保罗·弗莱尔（Paulo Freire）。

3.《大撞击形成的小型卫星导致土卫八赤道山脊的延迟形成》（*Delayed Formation of the Equatorial Ridge on Iapetus from a Subsatellite Created in a Giant Impact*，《地球物理学期刊》卷 117，第 E3 版次，2012 年 3 月），作者：安德鲁·当巴德（Andrew Dombard）等。

4.《土星的冰冻卫星如何（地质上）活跃》（*How Saturn's Icy Moons Get a (Geologic) Life*，《科学》卷 311，第 29 页，2006 年 1 月 6 日），作者：理查德·科尔（Richard Kerr）。

第五部分　关于万物基础的故事

25 掌心里的无限空间

1.《哈普古德》（*Hapgood*，1988），作者：汤姆·斯托帕德（Tom Stoppard）。

2. 粒子的量子波十分怪异。它是一种抽象的数学波，充斥着整个空间。波大的地方，即振幅大的地方，找到该粒子的概率就大；而波小的地方，找到粒子的概率就小。

227

3. 因为如电子这种低能量 / 质量小的粒子天生带有低能量的量子波。正如低能量的水池波纹一样，低能量的量子波行动迟缓，且波长（相邻两个波峰的距离）较长。

4. 事实上，量子理论很巧合地告诉我们空空如也的太空并不是完全真空，而是一片"量子零点起伏"的海洋。不过，这又是另一个故事了！

5. 这是自 1998 年以来，科学史上预测值和观测值相差最大的一次。1998 年见证了暗能量的发现，暗能量充斥着整个空间。它携带的负引力正在加速宇宙膨胀。当科学家用量子理论来预测真空能量，即暗能量时，得出的数值是观测值的 1 后面跟 120 个零那么多倍。这简直是在打脸现今物理学理论！

26　住平房的妙处

1. 根据爱因斯坦 1905 年提出的狭义相对论，人与人之间的相对运动会使时间变慢。因为，高楼楼顶比平房的移动速度快（因为地球自转），那么楼顶的时间相对较慢。这个现象的确会抵消引力减缓的平房时间。但是，狭义相对论带来的时间减缓效果比较微弱，因此它并不会改变我们得出的事实：住在高楼顶楼要比住在平房里老得快。

2.《光学时钟和相对论》（*Optical Clocks and Relativity*，《科学》卷 329，第 1630 页，2010 年 9 月 24 日），作者：詹姆斯·金文洲（James Chin–Wen Chou）等。

3.《弦理论：从牛顿到爱因斯坦之后》（*String Theory: From Newton to Einstein and Beyond*，网址：https://plus.maths.org/content/string–theory– newton– einstein–and–beyond），作者：大卫·伯曼（David Berman）。

27　毁天灭地的蚊子炸弹

1.《范曼物理学讲义》(*The Feynman Lectures on Physics*，卷2，第1—10页，爱迪生韦斯利出版社，1989)。

2. 准确来说氢原子中质子和电子之间的电磁力是其引力的 10^{40} 倍。氢原子是自然界中最轻的原子，由一个电子围绕仅含一个质子的原子核。

28　未知

1. 第一台真正意义上的万用电脑是由英国工程师查尔斯·巴贝奇于1837年构想出来的。但是，因为使用机械齿轮制造出这台概念机难度高花费大，所以查尔斯·巴贝奇终其一生也没能亲眼看到他构想的分析机实体。巴贝奇与阿达·洛夫莱斯女伯爵（诗人拜伦勋爵之女）共事。洛夫莱斯是公认的第一位女性程序员，而计算机的 Ada 语言就是以她的名字命名的。

2. 了解更多计算机不能完成的任务请阅读《死后的无尽岁月》(*The Never-Ending Days of Being Dead*)第6章《上帝数字》(费伯出版社，2007)，作者：马库斯·乔恩（Marcus Chown)。

29　两个世界

1. 准确地说，在一特定位置发现粒子的概率——概率为从0到1，0表示0%而1表示100%——为量子波高度的平方（量子波振幅是一个复杂的结果，当然这又是另外一个故事了！）

2. 总有可能出现这种情况——两个保龄球碰撞后向相反方向弹开。

30　不走寻常路的液体

1. 绝对零度是可以达到的最低温度。即为－273.15 摄氏度及 0 开尔文。

2. 见第 29 章《两个世界》。

32　这是谁安排的

1.《与拉玛相会》(*Rendezvous with Rama*，英国格兰兹出版社，2006)，作者：阿瑟·C. 克拉克 (Arthur C. Clarke)。

2. 见第 17 章《万年前的光》。

3. 能量守恒定律认为，能量不会凭空产生也不会凭空消失。能量只会从一种形式转化为另一种形式。正如爱因斯坦在 1905 年阐述的，质量也是能量的一种形式。夸克弹性，说得更准确一点，胶子场的能量可以转变为新夸克的质能。

4. 见第 39 章《星尘化人》。

5. 还有很多类型的中微子，称为惰性中微子。普通中微子虽说也不擅长交际，但是在少数情况下会通过弱核力与其他物质反应。然而，惰性中微子连这个也懒得做，它们仅仅通过引力与普通物质反应。所以，几乎不可能直接探测到惰性中微子的行踪。

33　美妙的弦

1. 三维空间指的是东—南、西—北和上—下，以及时间维度：过去—未来。然而，1905 年爱因斯坦的狭义相对论阐明了，时间和空间其实是同一事物的两个方面而已。但是，只有当人以接近光速运动时，这种情况才能变得明显。认识到这一事实之后，物理学家将时间—空间相融合，称为四维时空。

2. 以交换粒子的方式传递基本力并不像我们熟悉的交换方式。这些粒子被称为虚粒子。见《QED：光和物质的奇异性》（*QED: The Strange Theory of Light and Matter*，企鹅兰登出版社，1990），作者：理查德·范曼（Richard Feynman）。

34 虚幻的现在

1. 阿尔伯特·爱因斯坦在 1955 年好友去世时，写给米歇尔·贝索（Michele Besso）家人的哀悼信。

2.《论移动物体的电磁力》（*On the Electrodynamics of Moving Bodies*，《物理年鉴》Annalen der Physik，卷 17，第 891 页，1905），作者：阿尔伯特·爱因斯坦。

35 如何制造一台时间机器

1. 见第 26 章《住平房的妙处》。

2. 黑洞的引力十分惊人，强到包括光在内的所有事物都无法逃逸。因此，黑洞是漆黑的。

第六部分 关于外星的故事

36 海洋世界

1.《2010：太空漫游》（*2010: Odyssey Two*，哈珀·柯林斯出版社，2000），作者：阿瑟·C. 克拉克（Arthur C. Clarke）。

2. 见第 20 章:《来吧,挤压我吧》。

3.《海底生物,1977》(*Life on the Ocean Floor*, 1977,《科学家杂志》,2012 年 9 月 1 日: https://www.the-scientist.com/?articles.view/articleNo/32523/title/Life-on-the-Ocean-Floor--1977),作者:克里斯蒂娜·路易吉(Cristina Luiggi)。

4.《土卫二超声速水喷流》(*Enceladus Shoots Supersonic Jets of Water*,自然网,2008 年 11 月 26 日: https://www.nature.com/news/2008/081126/full/news.2008.1254.html),作者:艾希礼·耶格(Ashley Yeager)。

37　外星垃圾

1.《论地球上可能发现的外星人产物》(*On the Possibility of Extraterrestrial Artefact Finds on the Earth*, *The Observatory* 杂志,卷 116,第 175 页,1996),作者:A. V. 阿尔希波夫(A.V. Arkhipov)。

38　星际偷渡

1. 火星内部热量散失导致其内部凝固成固体。因为只有当熔化的岩浆流动时才能带来巨大的电流,行星才会像地球一样有电磁场。由于火星内部是固体不能流动,因此火星也没有电磁屏蔽。

39　星尘化人

1.《自我之歌》(*Song of Myself*),作者:沃尔特·惠特曼(Walt Whitman)。

2. 核力,即强力作用距离很短。因此,直到 20 世纪物理学家们开始探索原子核的时候,才发现了强力作用。

3. 创造出铁元素的核反应并不能释放能量（最终以星光的形式出现），相反，该反应还像吸血鬼一样需要从恒星获取能量。这使得恒星变得不稳定，因此恒星内核仅能合成至铁元素为止。

40　脆弱的蓝点

1. 引用自《宇宙时空之旅》（*Cosmos: A Space-time Odyssey*，网址：https://www.youtube.com/watch?v=Cm6NS6uDqt8），卡尔·萨根（Carl Sagan）著名的"黯淡蓝点"（'Pale-Blue Dot'）。

第七部分　关于宇宙的故事

41　没有昨天的一天

1. 事实上，宇宙一定处于膨胀或收缩量子状态之下。我们生活在"不停歇的宇宙"当中，宇宙是不能静止不动的。

2. 见《创世余晖》（*Afterglow of Creation*，费伯出版社，2010），作者：马库斯·乔恩（Marcus Chown）以及《第一道光》（*The Very First Light*，基本图书出版社，2008），作者：约翰·博斯洛（John Boslough），约翰·马瑟（John Mather）。

42　鬼魅宇宙

1.《银河系漫游指南》（*The Hitchhiker's Guide to the Galaxy*，麦克米伦出版社，2009），作者：道格拉斯·亚当斯（Douglas Adams）。

2. 见第 47 章《宇宙之声》。

43 暗

1.《天文学家宣称他们已找到宇宙丢失的原子》(*Astronomers Say They've Found Many of the Universe's Missing Atoms*,《科学》, 2017 年 10 月 10 日: https:// www.sciencemag.org/news/2017/10/astronomers–say–they–ve–found–many–universe–s–missing–atoms), 作者: 亚当·曼 (Adam Mann)。

2.《反向热力学时间箭头》(*Opposite Thermodynamic Arrows of Time*,《物理评论快报》卷 83, 第 5419 页, 1999 年 12 月 27 日: https://arxiv.org/pdf/cond–mat/9911101.pdf), 作者: 劳伦斯·舒尔曼 (Lawrence Schulman)。

3.《MOND 预测与 WMAP 对抗的第一年数据》(*Confrontation of MOND Predictions with WMAP First Year Data*, 2004 年 9 月 29 日: https://arxiv. org/abs/astro–ph/0312570v4), 作者: 斯泰西·麦格 (Stacy McGaugh)。

44 创世余晖

1.《前哨》(*The Sentinel*, Harper Voyager 出版社, 2000) 写于 1948 年, 是电影《2001 太空漫游》的蓝本。电影由斯坦利·库布里克 (Stanley Kubrick) 以及阿瑟·C. 克拉克制作编写。

2. 虽然大爆炸的余热是按照微波 (波长为几厘米的无线电波) 探测出来的, 是实际上大爆炸的余晖波长基本都只有几毫米。光波的波长, 学术上称为电磁辐射, 指的是两个连续波峰之间的距离。

3. 温度就是粒子微观运动的表象。当物体冷却之后, 物体原子跳动得更加迟缓。最终, 微观粒子停止运动。这种情况就称为绝对零度。

4. 贝尔实验室是美国电话电报公司（AT&T）的一个部门。AT&T公司雇员总数超过 100 万人，在美国多处设立分公司。

45　宇宙主宰

1. 一光年是长度单位，指的是光一年走的距离。光在真空中的速度为 299792 千米 / 秒。所以，一光年约为 9.5 万亿千米。

2.《引力的引擎：吹气泡的黑洞是如何统治星系、恒星和宇宙生 物 的？》（*Gravity's Engines: How Bubble-Blowing Black Holes Rule Galaxies, Stars, and Life in the Cosmos*，《科学美国人》，2012），作者：卡莱布·沙夫（Caleb Scharf）。

46　反转的引力

1. 直接点说，能量动量是四维矢量。

2. 事实上，爱因斯坦万有引力定律认为引力的来源是：能量密度 +3× 压力。

47　宇宙之声

1. 即使是威力最大的氢弹爆炸时，也仅有约一千克的质量消失，转换为核爆炸火焰的热量。

2. 自从地球上第一次探测到引力波开始，科学家一共捕捉到 5 次引力波。四次是来自黑洞融合，一次是密度极大的中子星融合。最后一次捕捉到引力波是在 2017 年 8 月 17 日，也是最为重要的一次。因为，除了引力波以外，它还发出光亮。它的光亮被全世界的望远镜捕捉到了。在对这个光做分析时，科学家认为这个光球起码制造出地球质量十倍的纯金。他们长久以来一直在思考金子从哪里来的。这下终于知道了。

3. 悲哀的是，苏格兰物理学家罗恩·德雷弗并没能共享此项荣誉。位于帕萨迪纳市的加州理工学院物理学院是激光干涉引力波天文台（LIGO）的两个研究所之一。在制造 LIGO 原型机的时候，我正好是那里的一名研究生。我还记得我曾和德雷弗聊过天。我记得他将计算稿纸放满了整整两个超市购物袋，他的投影机用幻灯片上全是茶渍和手指印。德雷弗是 LIGO 小组核心成员之一，他真是个实验物理天才（他全靠自己造了台电视机，他家人就用这台电视机观看了 1953 年伊丽莎白二世的加冕典礼）。不幸的是，这位苏格兰物理学家似乎不太能带领课题小组，他也因此在 1995 年被炒了鱿鱼。德雷弗还是继续居住在帕萨迪纳市。他一生没有结婚，朋友也很少。后来又深受阿尔茨海默病困扰。最后，加州理工学院的彼得·德瑞克教授只能送他上飞机回到格拉斯哥市去见他哥。在那儿德雷弗又住进了苏格兰的养老院。不幸的是，德雷弗于 2017 年 3 月 7 日去世，正好是引力波项目获诺贝尔奖之前的 7 个月。

49 宇宙信用卡

1.《宇宙尽头的餐馆》（*The Restaurant at the End of the Universe*，麦克米伦出版社，2009），作者：道格拉斯·亚当斯。

2. 每一个亚原子粒子都有一个与之对应的反粒子，它们的特性如电荷之类的都是相反的。举个例子，与带负电荷的电子相对应的反粒子就是带正电的正电子。当粒子从真空当中产生出来时，总会与其反粒子一同出现。当粒子与其反粒子见面时，它们就会一同毁灭，即湮灭。同时伴随着一道高能量的光，即伽马射线。

3. 如此的原因在于，用物理定律阐述将来的状态时，用的是现在的状态。举个例子，明天月球的位置是由它现在的位置以及牛顿的万有引力决定的。现在的状态披一件马甲就能变成将来的状态。其中不会有任何信息丢失。

4.《超共形场论和超引力的 N 极限》(*The Large N Limit of Superconformal Field Theories and Supergravity*,《理论物理和数学物理进展双月刊》卷 2，第 231 页，1998：http://arxiv.org/pdf/hep-th/9711200.pdf)，作者：胡安·马尔达西那 (Juan Maldacena)。

50　隔壁的宇宙

1.《银河系漫游指南》(麦克米伦出版社，2016)，作者：道格拉斯·亚当斯。

2. 见第 41 章《没有昨天的一天》。

3. 虽然事实上物体可能比光更快——甚至以光速运动——但是，1915 年提出的爱因斯坦万有引力定律认为空间可以任意扩大。

4. 氢弹爆炸的膨胀比起宇宙大爆炸就像是一根炸药棒。而大爆炸的暴胀仅在宇宙诞生之后一瞬间就将燃料消耗殆尽了。科学家认为暴胀是由于量子真空导致的。这不是普通意义上的真空，而是含有怪异的负引力的高能真空。虽然暴胀这一概念对解释一些宇宙谜题卓有功效，但是我们仍想不透支撑该理论的微观物理定律是什么。

图片来源

第 11 页：1989 年，Pad39A 航天运输系统 -1 发射升空的运载器将宇航员约翰·杨（John Young）以及罗伯特·克里彭（Robert Crippen）送入地球运行轨道进行太空任务 / 美国国家航空航天局

第 37 页："阿波罗 11 号"任务指挥官尼尔·阿姆斯特朗（Neil Armstrong）在月球舱的一处设备库执行任务 / 美国国家航空航天局

第 79 页：木卫一上的洛基火山羽毛状喷发 / 喷气推动实验室 / 美国国家航空航天局

第 83 页：土星北极六边形风暴 / 美国国家航空航天局 / 喷气推动实验室—加利福尼亚理工学院 / 空间科学院

第 95 页：卡西尼任务传回的一段动画短片：从土卫八的视角看土星 / 美国国家航空航天局 / 喷气推动实验室—加利福尼亚理工学院 / 空间科学院

第 151 页：该木卫二表面的裂痕以及冰封的表面图像是由伽利略

任务从 1995 到 1998 年的彩图数据推导出来的 / 美国国家航空航天局 / 喷气推动实验室 / 亚利桑那大学伽利略计划

第 153 页：美国国家航空航天局卡西尼航天器穿过土卫二"羽毛团"，2015 年 / 美国国家航空航天局 / 喷气推动实验室——加利福尼亚理工学院

第 168 页："旅行者 1 号"发回的地球照片，地球就如一个黯淡蓝点一样 / 美国国家航空航天局 / 喷气推动实验室

First published in Great Britain in 2018 by Michael O'Mara Books Limited
Copyright © Marcus Chown 2018 All rights reserved.

© 中南博集天卷文化传媒有限公司。本书版权受法律保护。未经权利人许可，任何人不得以任何方式使用本书包括正文、插图、封面、版式等任何部分内容，违者将受到法律制裁。

著作权合同登记号：图字 18-2019-241

图书在版编目（CIP）数据

奇怪的知识增加了 /（英）马库斯·乔恩（Marcus C
hown）著；孔令稚译 . -- 长沙：湖南科学技术出
版社，2020.12
　　ISBN 978-7-5710-0824-6

　　Ⅰ . ①奇… Ⅱ . ①马… ②孔… Ⅲ . ①科学知识—普及
读物 Ⅳ . ① Z228

中国版本图书馆 CIP 数据核字（2020）第 218552 号

上架建议：畅销·科普

QIGUAI DE ZHISHI ZENGJIA LE
奇怪的知识增加了

作　　者：[英] 马库斯·乔恩（Marcus Chown）
译　　者：孔令稚
出 版 人：张旭东
责任编辑：林澧波
监　　制：邢越超
策划编辑：蔡文婷
版权支持：金　哲
营销支持：文刀刀　周　茜
版式设计：李　洁
封面设计：主语设计
内文排版：百朗文化
出　　版：湖南科学技术出版社
　　　　　（湖南省长沙市湘雅路 276 号　邮编：410008）
网　　址：www.hnstp.com
印　　刷：三河市天润建兴印务有限公司
经　　销：新华书店
开　　本：880mm×1270mm　1/32
字　　数：189 千字
印　　张：8
版　　次：2020 年 12 月第 1 版
印　　次：2020 年 12 月第 1 次印刷
书　　号：ISBN 978-7-5710-0824-6
定　　价：48.00 元

若有质量问题，请致电质量监督电话：010-59096394
团购电话：010-59320018